赵 军 编著

清華大学出版社
北 京

内 容 简 介

这是一本适合学习 Python 语言编程的入门教材。全书从程序设计语言基础的算法与流程图入门开始，接着介绍Python环境的安装、基本语法，最后到主题实践操作，学习者不用担心没有任何程序设计语言相关的背景知识。本书以Anaconda软件包来设置和安装Python环境，能够快速完成Python及常用程序包的安装。

本书强调学练相结合，丰富的范例程序讲解结合上机实践，教你领会Python语言结构化编程的基本概念；综合范例练习帮助你强化语法的理解能力；各章的课后练习可马上检验你的学习效果；另外还有完整的教学视频可供下载，以辅助你更加高效地自学。

希望本书能降低中学生学习 Python语言编程的门槛，减少编程初学者自学的障碍，成为大家进入程序设计领域的第一课，同时为进一步学习人工智能知识理论、应用拓展、创新设计等打下坚实的基础。

图书在版编目（CIP）数据

Python程序设计第一课 / 赵军编著. — 北京：清华大学出版社，2018
ISBN 978-7-302-50990-5

I. ①P… II. ①赵… III. ①软件工具—程序设计 IV. ①TP311.561

中国版本图书馆CIP数据核字（2018）第192201号

责任编辑：夏毓彦
封面设计：王 翔
责任校对：闫秀华
责任印制：丛怀宇

出版发行：清华大学出版社
网 址：http://www.tup.com.cn，http://www.wqbook.com
地 址：北京清华大学学研大厦A座　　邮 编：100084
社 总 机：010-62770175　　邮 购：010-62786544
投稿与读者服务：010-62776969，c-service@tup.tsinghua.edu.cn
质量反馈：010-62772015，zhiliang@tup.tsinghua.edu.cn
印 装 者：北京鑫海金澳胶印有限公司
经 销：全国新华书店
开 本：190mm×260mm　　**印 张**：13.25　　**字 数**：297千字
版 次：2018年10月第1版　　**印 次**：2018年10月第1次印刷
定 价：49.00元

产品编号：079691-01

前 言

人工智能技术的未来就是信息技术的未来，而“程序设计”或称为“编程”是学习人工智能技术最重要的基础工具，从小建立逻辑编程思想，通过编程实践培养解决问题的能力，是将来人才综合素质的评估条件之一。程序设计已经列入中学的信息技术课程，即便是非计算机或信息类专业的人才，编程也是必备的基础能力之一。

Python 凭借简洁、易懂易学、用途广泛等特性，成为程序设计入门的首选语言之一。目前众多人工智能的程序包要么采用 Python 编写而成，要么可以被 Python 语言调用。只有当我们具备了逻辑编程的坚实基础和通过编程实践来解决问题的能力，才能进一步学习人工智能的知识理论类的课程、应用拓展类课程、创新设计类的课程。

本书是一本学习 Python 编程的入门书，适合从未接触过 Python 语言的初学者和中学生，或是有一定程序设计经验，想深入了解 Python 基本应用的学习者。笔者希望以浅显易懂的文字，由基础到高级，循序渐进地通过范例程序让读者马上实践和练习刚刚学习的内容。

本书的内容从程序设计语言基础的算法与流程图入门开始，循序渐进地讲述从 Python 环境的安装、基本语法到问题解决的实践操作，学习者不用担心没有任何程序设计语言相关的背景知识。本书以 Anaconda 软件包来设置和安装 Python 环境，能快速安装 Python 及常用程序包。本书中的每一章节都规划了多个实用的范例程序，包括图形用户界面（GUI）的制作以及数据的提取、整理与分析，比如开放数据（Open Data）、文本文件数据分析等。

本书由赵军主编，参与本书编写的人员还有张明、王国春、施妍然、王然等。由于编者水平和经验所限，书中难免存在疏漏和不足之处，希望得到大家的批评指正。

读者可以从如下网址（注意区分数字与字母大小写）下载所有范例程序的源代码、教学PPT和全程视频文件：

https://pan.baidu.com/s/1Qrg2DOyh2SNzIrGduB8HXw

也可扫描右边二维码获取网址。如果下载有问题，请联系电子邮箱booksaga@126.com，邮件主题为“Python程序设计第一课”。

另外，为了检验学习的成果，每章之后都规划了课后习题，以供读者练习。希望本书能成为大家学习Python语言的理想入门书。

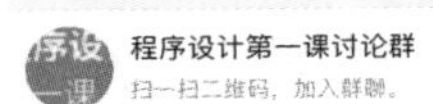

最后，为了便于读者在学习中进行讨论和交流，我们还建立了“程序设计第一课讨论群”（QQ群），大家可以在群里讨论问题，笔者将会对重点问题进行解答。QQ群号为801630455，也可以直接扫描进群的二维码：

编 者

2018年8月

目录

第1章 第一个Python程序——Hello World

第2章 数据与变量——输出金字塔图形

第 4 章 流程控制——简易计算器（GUI 界面）

第 5 章 字符与字符串——Open Data 数据的提取与应用

第 6 章 容器数据类型——单词翻译器

第 7 章 函数与模块——乐透系统

第 1 章

第一个 Python 程序——Hello World

学习大纲

- Python 简介
- 程序设计语言与算法
- 程序设计语言简介
- 流程图
- Python 的应用
- 建立 Python 开发环境
- 输入与输出
- IPython 命令窗口
- Spyder 集成开发环境
- Python 程序撰写风格

因特网已经深入人们生活的方方面面，年轻一代人从小就接触各种各样的电子设备，而这些设备基本都无“网”不利。因特网带来了物联网的发展趋势，同时也带来了海量的数据，因而物联网与大数据分析技术自然就成为最新科技的热门方向，于是在统计分析与数据挖掘有着举足轻重地位的Python 程序设计语言，人气持续飙升，近几年成为热门程序设计语言排行榜的“明星”。在 TIOBE 公布的 2018 年 1 月的最新一期程序设计语言排行榜中 Python 已经上升到第 4 名，要知道目前这个榜单中排在 Python 之前的程序设计语言依次是大名鼎鼎的 Java、C 和 C++。

“程序设计”能力的培养应该从小开始，小学、初中到高中不同阶段的培养又各有侧重点，对于未来高素质人才的培养，程序设计能力是必备的基本能力之一。Python 语言适合选为高中阶段学习程序设计的入门语言之一，当然本书的读者群体并不限于高中阶段的学生，想快速具有一定程序设计能力的任何人群都适用，因为 Python 语言已经成为“颜值”最高的程序入门首选程序设计语言之一。

现在就让我们来认识 Python 这门程序设计语言吧！

1.1 Python 简介

Python 是一种面向对象、解释型的程序设计语言，语法直观易学，具有跨平台的特性，加上丰富强大的程序包模块（Package Module，也称为软件包模块），各种领域的编程者都可以找到符合自己领域需求的程序包模块，这也是让 Python 的用途更为广泛的原因之一。

1.1.1 Python 语言的起源

Python程序设计语言大约是在1990年初，由荷兰工程师吉多•范罗苏姆(Guido van Rossum）创立而发展至今。Python 的英文原意是蟒蛇（发音 /'paɪθən/ 接近“派森”），但 Guido 本人并不是因为喜欢蟒蛇而取这个名字，据吉多自己的说法是，这个名字取自他个人很喜爱的 BBC 著名的喜剧电视剧《Monty Python’s Flying Circus（蒙提 • 派森的飞行马戏团）》。

吉多·范罗苏姆曾在多家知名机构使用Python来开发系统，在Google（谷歌）公司工作期间为Google开发了内部使用的Code Reviews系统，之后离开Google加入了Dropbox公司，Dropbox同样是以Python作为主要的开发语言。

虽然Python的名称来源不是大蟒蛇，但Python软件基金会还是采用了两条蛇作为Python语言的徽标，如图1-1所示。

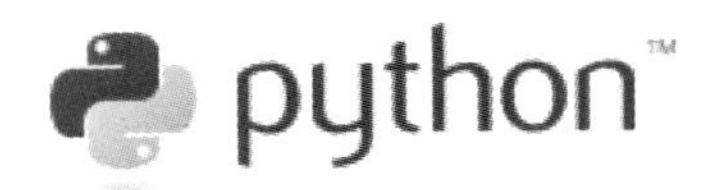

图1-1

1.1.2 Python语言的特色

程序设计语言上百种，知名的程序设计语言C、C++、Java、PHP、JavaScript、C#、Delphi等，都各具特色，用途也有很大的差异。

吉多·范罗苏姆开发Python时是想设计出一种优美强大、任何人都能使用的程序设计语言，同时开放源代码，让Python能够与其他程序设计语言（比如C、C++和Java等）完美结合，因此Python非常适合第一次接触程序设计语言的人来学习。

Python具有以下特色：

程序代码简洁易读

Python开发的目标之一是让程序代码像读本书那样容易理解，凭借简单易记、程序代码容易阅读等优点，在编写程序的过程中让编程者可以专注在程序流程本身，而不是时时去注意程序语句是否符合严格的语法，这样让程序开发更有效率，团队合作也更容易协同和整合。

跨平台

Python程序可以在大多数的主流平台运行，不管是Windows、Mac OS、Linux不同操作系统的平台，还是移动智能设备平台（如智能手机和平板电脑等），都有对应的Python工具。

面向对象

Python 具有面向对象（Object-oriented）的特性，比如类、封装、继承、多态等，不过它却不像 Java 这类的面向对象语言那样强迫用户必须用面向对象思维来编写程序，Python 是多范式（Multi-paradigm）的程序设计语言——多编程范式，即允许我们使用多种风格来编写程序，使得程序的编写更具弹性，就算不懂面向对象的概念，也不会成为学习 Python 的绊脚石。

技巧

编程范式包含命令式编程、函数式编程、面向对象式编程。

容易扩充

Python 提供了丰富的 API（应用程序编程接口）和工具，让编程者能够轻松地编写扩充模块，也可以把其他语言编写的程序包模块整合到 Python 程序中来使用，所以也有人说 Python 是“胶水语言”（Glue Language）。

自由 / 开放源代码

所有 Python 的版本都是自由 / 开放源代码（Free and Open Source），简单来说，我们可以自由地阅读、复制及修改 Python 的源代码、或是在其他自由软件中使用 Python 程序。

1.2 程序设计语言与算法

程序设计语言有很多种，就如同中文、英文、日文等语言一样，无论哪一种语言都有词汇与文法，在不同的国家会使用不同的语言，学习这些语言是为了与人交流沟通，同理，学习程序设计语言则是为了与计算机沟通让机器听从人的指挥。首先，我们就来认识一下“程序设计语言”。

1.2.1 为什么要学习程序设计

许多工程师不断致力于软件程序的开发，为我们带来更便利的生活，例如“微信”软件的出现让大家可以通过网络随时随地与亲朋好友发信息、语音通话或视频通话；想要与好友分享照片、视频片段或近况，可以通过博客或微博这类社交网站轻松发布；想要知道每天钱都花到哪里了，可以在智能手机上下载各种记账APP等。

当然学习程序设计的目的不一定是要成为专业的程序设计工程师，编写程序的动机通常是要解决问题，以让工作更有效率。在学习程序设计的过程中，必须不断地去厘清问题，思考如何把大问题拆解成小问题，并且耐心地编写程序代码。这一连串的过程，对于养成解决问题与逻辑思考的能力非常有帮助，是未来高素质人才必备的基本技能之一。

假如每天必须重复做很多次的工作，就可以找出规律和规则，编写一个程序来自动执行，如此一来，不但可以让工作轻松，而且会更高效。例如，餐饮业的主管学了Python之后，就可以自己编写程序来排班，不需要每个月为了排班而大伤脑筋，通过本行业的知识加上程序设计的技能，更可以让自己成为不可或缺的人才。

1.2.2 程序设计语言简介

程序设计语言简单来说就是用来命令计算机执行各种操作的工具，这种指挥计算机执行操作的命令称为“指令”（Instruction）。例如加、减、乘、除、比较、判断等，一连串交由计算机执行的指令就称为“程序”（Program）。

低级语言

程序设计语言种类很多，以发展过程来看大致可分为“低级语言”与“高级语言”两大类；低级语言又可分为“机器语言”和“汇编语言”，如图1-2所示。

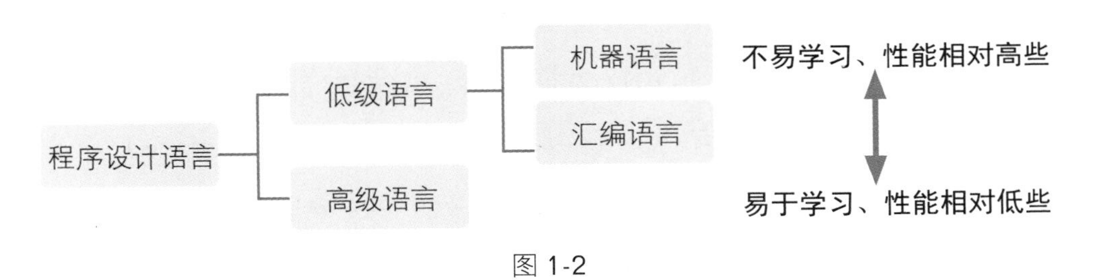

图1-2

➢ 机器语言（Machine Language）

计算机是靠电路来运转的，利用电流通过来表示 0 与 1，所以只有开与关两种状态，1 代表开，0 代表关。机器语言就是由 0 与 1 所组成的命令，如图 1-3 所示，计算机能直接执行，所以执行速度快，但可读性低，不易学习。

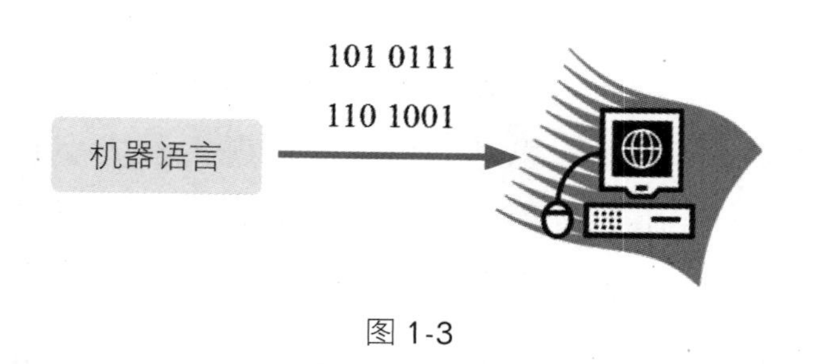

图 1-3

➢ 汇编语言（Assembly Language）

以英文字母、字符或数字来代替机器语言的程序设计语言，与硬件有着密切关系，因 CPU（中央处理单元）或单芯片使用的指令集不同，其语法也不相同，编程者除了要对指令有相当的了解之外，对于硬件设备也必须相当熟悉。汇编语言所设计的程序，计算机无法直接识别，必须利用汇编器（Assembler，或称为汇编程序）转换成机器语言才能执行，如图 1-4 所示。

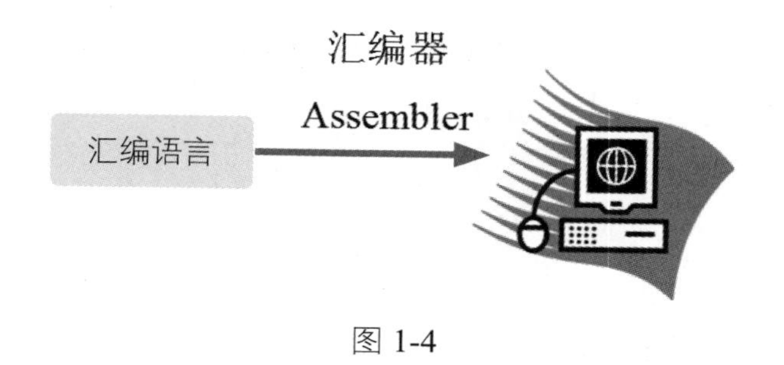

图 1-4

➢ 高级语言（High-level Language）

为了能更方便快速地使用程序设计语言，因而发展出比较接近自然语言的程序设计语言，这种语言称为高级语言（High-level Language）。高级语言所设计的程序，计算机无法直接执行，必须经过编译器（Compiler，或称为编译程序）或解释器（Interpreter，或称为解释程序）转换成机器语言才能执行，如图 1-5 所示。

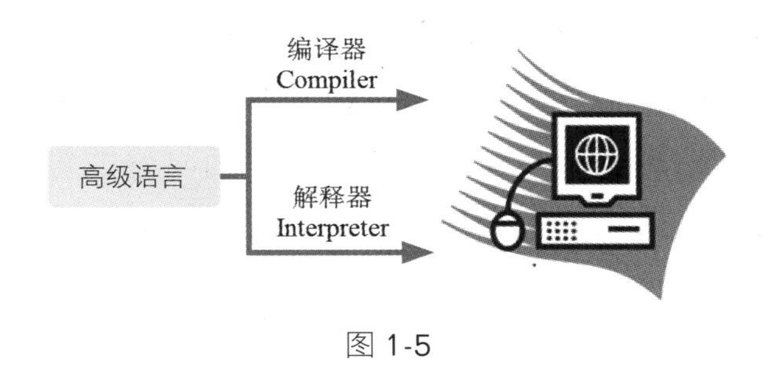

图 1-5

➢ **编译**

编译程序会先检查和“翻译”整个程序，完全没有语法错误之后，再链接相关资源输出为可执行文件（Executable File）。编译完成的可执行文件是可以直接执行的文件，每一次执行时，不需要再“翻译”，所以执行速度较快。缺点是编译过程中发生错误时，必须回到程序代码，找出有错误的地方并加以更正，再重新编译、链接、生成可执行文件，开发过程会比较不方便。编译型的程序设计语言有 C、FORTRAN、COBOL 等。

➢ **解释**

Python 就是属于解释式的语言，“解释”顾名思义就是一边解读源代码，一边执行，当错误发生时会停止执行并显示错误发生的程序语句所在的行数与原因，对程序开发来说就会比较方便。因为它不产生执行文件，每一次执行都必须经过“解释”才能执行，所以执行效率会比编译型稍差。解释型的程序设计语言有 HTML、JavaScript、Python 等。

技巧

高级语言像是 Java 或 C#，必须先将高级语言编译成虚拟机语言，再通过虚拟机（Virtual Machine，VM）解释成机器语言。由于需要同时用到编译器与解释器，所以称为混合型（Hybrid）。

1.2.3 算法概念

算法（Algorithm）是学习程序设计很重要的基础知识，简单来说就是为了解决问题而设计的方法与步骤。

开始编程之前，必须清楚知道这一个程序想要解决什么问题，进一步分析问题本身，找出解决的方法与步骤，这一过程如图 1-6 所示。同一个问题，每个人的解决方法可能不同，执行效率也会不同，好的算法能够编写出最精简的程序代码，同时还能达到最佳的执行效率。

图 1-6

例如，求 1+2+3+4+5 的总和，最原始的方法如下：

步骤01 1+2，得到结果 3。

步骤02 步骤 1 的和 3 再加 3，得到 6。

步骤03 步骤 2 的和 6 再加 4，得到 10。

步骤04 将 10 再加上 5，得到 15。

按序将数字依次相加就可以得到最后的答案，这样的方法没有错，只是程序代码多、执行效率也低。如果题目改成求 1 加到 100 的总和，程序写起来可就累人了。

我们可以试着在题目里找出前后数的关系，推导出适当的算法。这里暂时不考虑高斯年幼时巧算等差数列累加的速算法，就是用程序来累加。

题目是自然数从 1 开始依次累加，这个过程是有规则而且重复的，适合用循环来解决。

首先可以定义两个变量，变量 i 记录当前要累加的数字，变量 sum 记录总和，算法可以这样推演：

步骤01 设置 i=1、sum=0。

步骤02 sum 的值 +i (sum=sum+i)。

步骤03 i 的值 +1，即 (i=i+1)。

步骤04 如果 i 大于 5，算法结束，否则，返回重新执行步骤 2。

i 与 sum 变量的数值变化如表 1-1 所示。

表 1-1

i	sum
1	1
2	3
3	6
4	10
5	15

当题目改成求 1 加到 100 时，只要将 5 改成 100 就行了。如此，程序变得灵活且有弹性，而且程序代码精简、可读性高。

程序设计流程，不外乎“输入”“处理”以及“输出”三个部分，如图 1-7 所示。

图 1-7

设计算法的时候必须满足以下特性：

- **输入数据（Input）**：0 个或多个输入。
- **输出结果（Output）**：至少 1 个以上的输出结果。
- **明确性**：描述的处理过程必须是明确的，不能模棱两可。
- **有限性**：必须在有限的步骤内完成工作，不可以有无限循环。
- **正确性**：可以正确地解决问题。

为了方便编程，我们可以将算法通过图形或文字表达出来，最简单的方式就是通过流程图（Flow Chart）来描述。下面就来看看流程图的用法。

1.2.4 流程图

流程图是使用图形符号来表示解决问题的步骤。流程图有很多种类型，程序开发中最常用的是“系统流程图”（System Flowchart）和“程序流程图”（Program Flowchart）。

系统流程图

用来描述整个系统的完整流程，包含信息流以及操作流程，涉及人员、设备、各个部门之间的业务关系。例如，大学里学生请假可能会经过一些审核流程，通过系统流程图就能清楚地了解完整的审核流程，如图 1-8 所示。

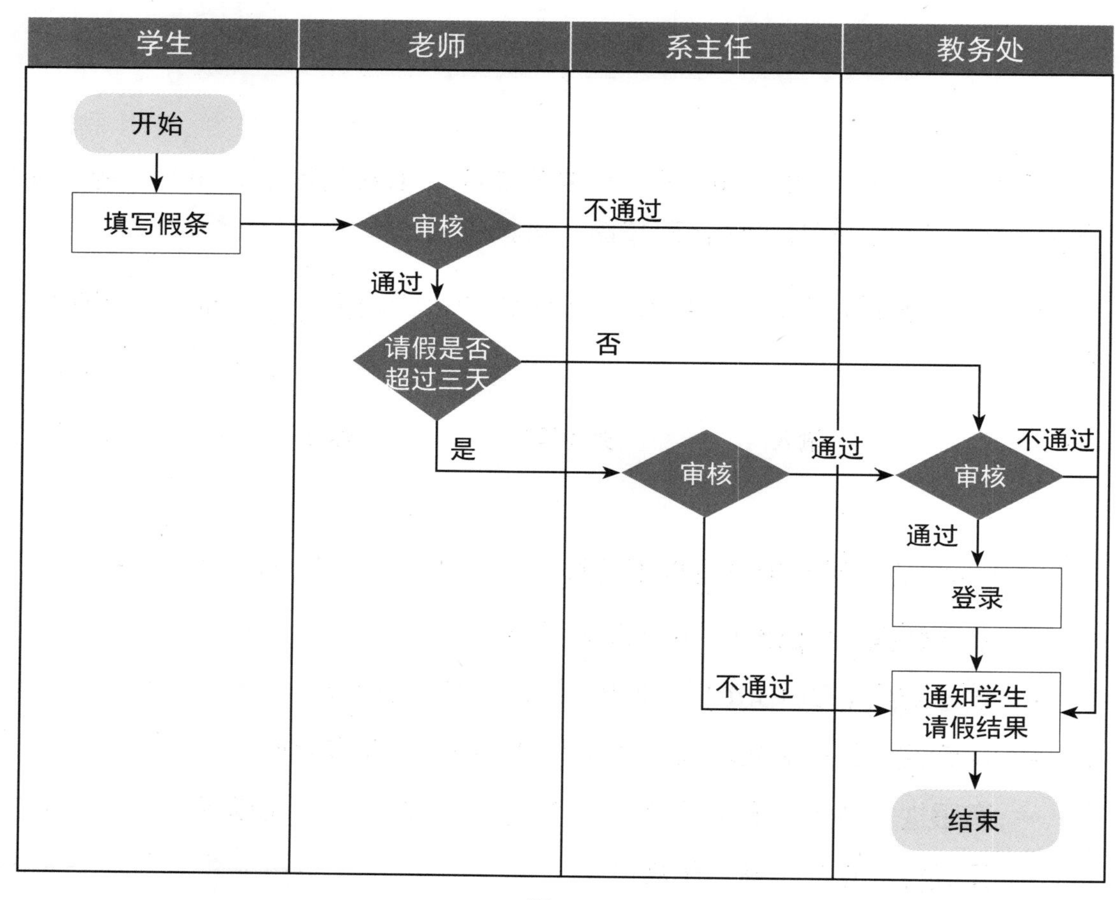

图 1-8

程序流程图

用来描述程序的逻辑结构，从程序流程图可以看出程序内的各种运算及执行顺序。

例如，前面求 1+2+3+4+5 的算法，可以绘制成如图 1-9 所示的程序流程图。

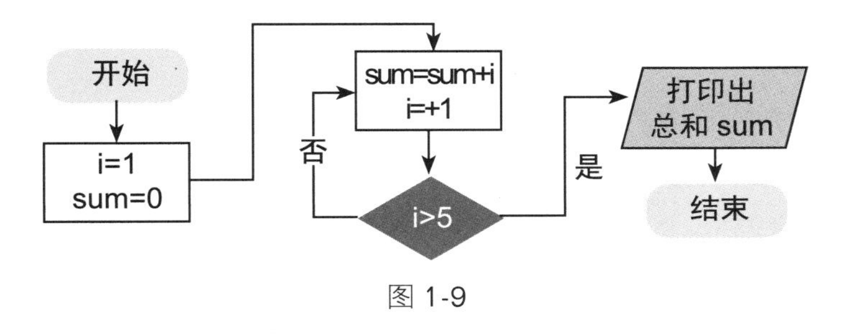

图 1-9

绘制流程图的优点：

（1）程序执行顺序一目了然，有助于程序的修改与维护。

（2）不同人员编写程序时，能快速了解程序流程，有助于协同开发与程序移交。

（3）借助绘制流程图的过程发现程序设计逻辑不合理的地方，适时更正。

为了流程图的可读性和一致性，目前通用 ANSI（美国国家标准协会）制定的统一图形符号。表 1-2 说明一些常见的符号。

表 1-2

名称	说明	符号
起止符号	表示程序的开始或结束	
输入 / 输出符号	表示数据的输入或输出的结果	
过程符号	程序中的一般步骤，程序中最常用的图形	
条件判断符号	条件判断的图形	
文件符号	导向某份文件	
流向符号	符号之间的连接线，箭头方向表示工作流向	↓ ⟶
连接符号	上下流程图的连接点	

为了让他人容易阅读，绘制流程图应注意下列几点：

（1）采用标准通用符号，符号内的文字尽量简明扼要。

（2）绘制方向应从上而下，从左到右。

（3）连接线箭头方向要清楚，线条避免太长或交叉。

现在我们来出个题目，请读者练习绘制程序的流程图。

题目：请用流程图表示，输入一个正整数 n，判断 n 为偶数还是奇数。

参考流程图（图 1-10）：

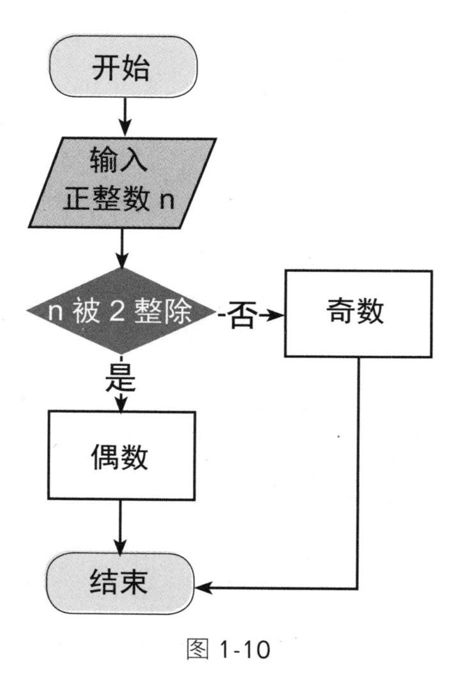

图 1-10

1.3 Python 的应用

Python 采取开放源代码的发展方式，因而拥有庞大的开放式资源网上社区，在世界各地的社区人群会定期举办例行聚会，Python 的爱好者彼此交流，精益求精，Python 的应用可说是无所不及，看到如此广泛的应用，相信可以激发大家更多的学习动力。

1.3.1 Web 开发框架

Web 程序开发包括前端与后端技术，光是前端就有 HTML、JavaScript 以及 CSS 等技术，后端技术更是林林总总。Web 框架简单来说就是为建立 Web 应用制定了一套规范，简化了所有技术上的细节，轻松地运用 Web 框架（Web Framework）模块就能构建出实用的动态网站。

Python 领域知名的 Web 框架有 Django、CherryPy、Flask、Pyramid、TurboGear 等。图 1-11 是 CherryPy 网站的首页（网址为 http://cherrypy.org/）。

图 1-11

1.3.2 数字技术整合开发

信息技术（Information Technology，IT）不断进步，数字化应用从日常生活到工作处处可见，各种设备与因特网、移动网络紧密融合，甚至有人大胆预测未来十年内，许多工作将会被机器人所取代。

在各种数字化应用技术中，“大数据分析”“物联网”和“人工智能”是最受关注的领域。Python 有各种易于扩展的数据分析与机器学习模块库（Library），比如 NumPy、Matplotlib、Pandas、Scikit-learn、SciPy、PySpark 等，让 Python 成为数据分析与机器学习的主要程序设计语言之一。

下面就和大家一起来认识“大数据分析”“物联网”和“人工智能”这些应用领域。

物联网

物联网（Internet of Things，IoT）是让生活中的物品能通过互联互通的传输技术进行感知与控制，例如智能家电可让用户通过 APP 远程操控电冰箱、空调等电器，不仅可以远程操控还能自动调节。

iBeacon 技术就是物联网的应用之一，它通过低功耗蓝牙（Bluetooth Low Energy，BLE）进行室内定位，只要顾客手机开启了蓝牙功能，当走过商家时，手机就能主动收到相关的优惠或特价信息，以便商家通过这种技术进行品牌和产品的营销与推广，如图 1-12 所示。由于 iBeacon 的覆盖范围较小，因此也有人把这样的技术应用称为微区位（Micro-location，或称为微定位）。

图 1-12

Python 在 Arduino 与 Raspberry Pi 的支持下，也能控制硬件，开发各种物联网应用。图 1-13 为 Arduino UNO 开发板，大小约 5.3*6.8（厘米，cm），常用来开发各种传感器或物联网应用。

图 1-13

大数据分析

物联网的另一种应用是收集数据，并加以分析，进而对用户的行为或环境进行感知与预测，这些收集到的数据通常相当巨大，也被称为“海量数据”或是“大数据”（Big Data），这些数据必须经过整理分析才能变成有用的信息，因此造就了目前火热的“大数据分析”技术。例如，谷歌地图（Google

Maps）导航能在进入塞车路段之前提醒驾驶人，并找出最快的替代路线，就是因为大量使用 Android 操作系统的手机用户在道路上行驶，谷歌能实时收集用户的位置和速度，经过大数据分析就能快速又准确地为用户提供实时的交通信息，如图 1-14 所示。

图 1-14

人工智能（Artificial Intelligence，AI）

机器学习（Machine Learning，ML）是人工智能发展相当重要的一环，机器通过算法来分析数据、在海量数据中找到规律或规则，进而自动学习并且做出预测。2010 年后机器学习技术之一的深度学习算法（Deep Learning，DL），将人工智能推向类似人类学习模式的优异发展阶段，如图 1-15 所示。

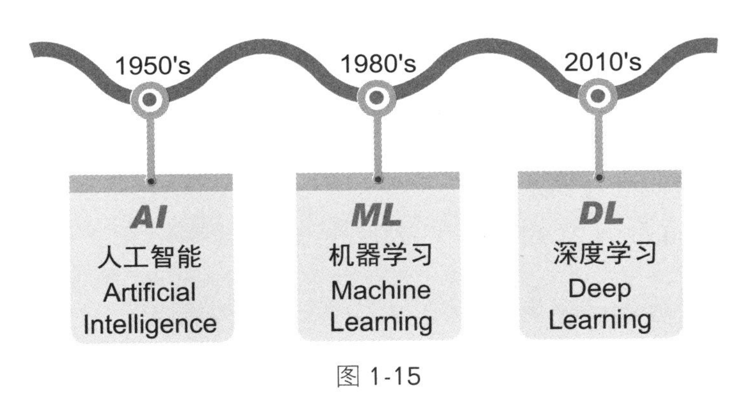

图 1-15

最为人津津乐道的深度学习应用，当属 2016 年底以“Master”账号对弈中日韩多位围棋高手，创下连胜 60 局的佳绩，震惊围棋界。这位神秘的高手“Master”就是 Google DeepMind 公司研发的 AlphaGo 人工智能技术。

事实上，人工智能已经在生活中的各个领域广泛应用，例如扫地机、消费者行为分析、医学诊断、机器人、无人机以及汽车自动驾驶等。

1.4 建立 Python 开发环境——使用 Anaconda

大多数项目为了加速开发速度和减少重复开发的成本，免不了会使用现成的程序包或模块，但是各个程序包与 Python 版本兼容性是个很大的问题，对于初学者而言，光是解决安装问题就可能浪费许多宝贵的时间。

本书将选择安装 Anaconda 程序包，它能使我们轻轻松松地安装 Python 及常用程序包。

1.4.1 下载 Anaconda 程序包

Anaconda 具有以下特点，是初学者安装 Python 环境的首选：

（1）包含了许多常用的数学科学、工程、数据分析的 Python 程序包。
（2）免费而且开放源代码。
（3）支持 Windows、Linux、Mac 平台。
（4）支持 Python 2.x、3.x，而且可以自由切换。
（5）内建 Spyder 编译器。
（6）包含 Conda 以及 Jupyter Notebook 环境。

Conda 是环境管理的工具，除了可以管理安装新的程序包，也能快速建立独立的虚拟 Python 环境。我们可以在虚拟的 Python 环境中安装程序包及测试程序，而不用担心会影响原来的工作环境；Jupyter Notebook 编辑器是 Web 扩充程序包，让用户可以通过浏览器开启网页服务，并在上面进行程序的开发与维护。

下面我们就来下载并安装 Anaconda。

步骤 01 打开下载网址 https://www.continuum.io/downloads，进入网页之后根据自己使用的操作系统选择适当的下载入口，这里有 Windows、Mac 以及 Linux，如图 1-16 所示。

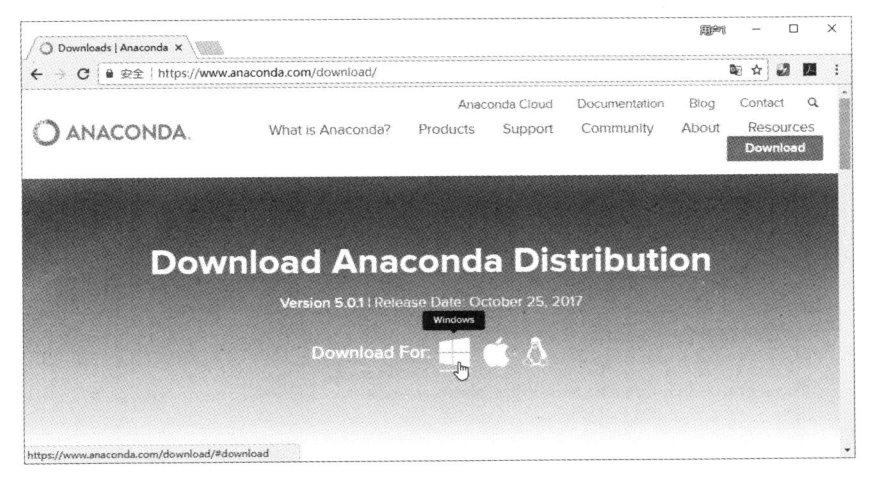

图 1-16

步骤 02 选择下载的 Python 版本。这里下载的是 Python 3.6、64 位 Windows 版本（见图 1-17），下载完成会看到文件名为 Anaconda3-5.0.1-Windows-x86_64.exe 的执行文件。

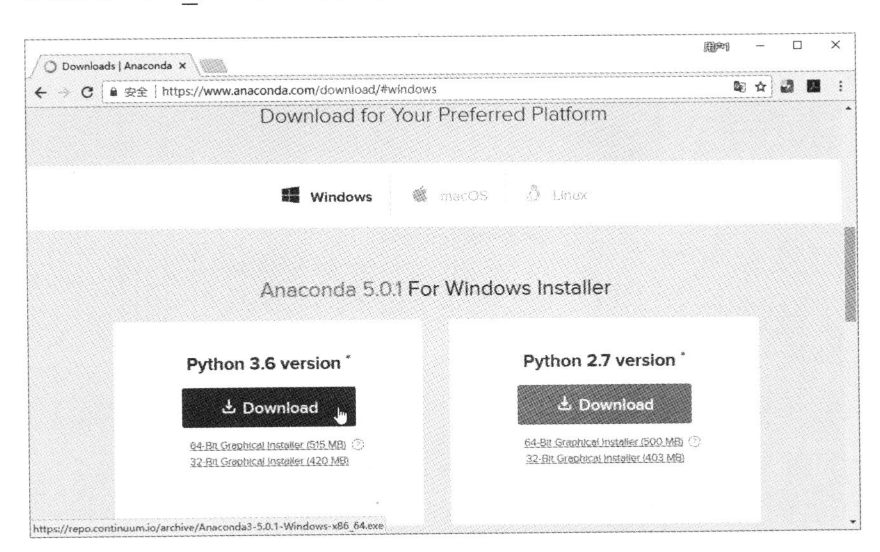

图 1-17

1.4.2 安装 Anaconda

步骤 01 用鼠标双击安装文件即可启动，按序单击“Next”按钮进行安装。当出现如图 1-18 所示的版权声明界面时，阅读版权说明事项之后单击“I Agree”（同意）按钮，继续下一个安装步骤。

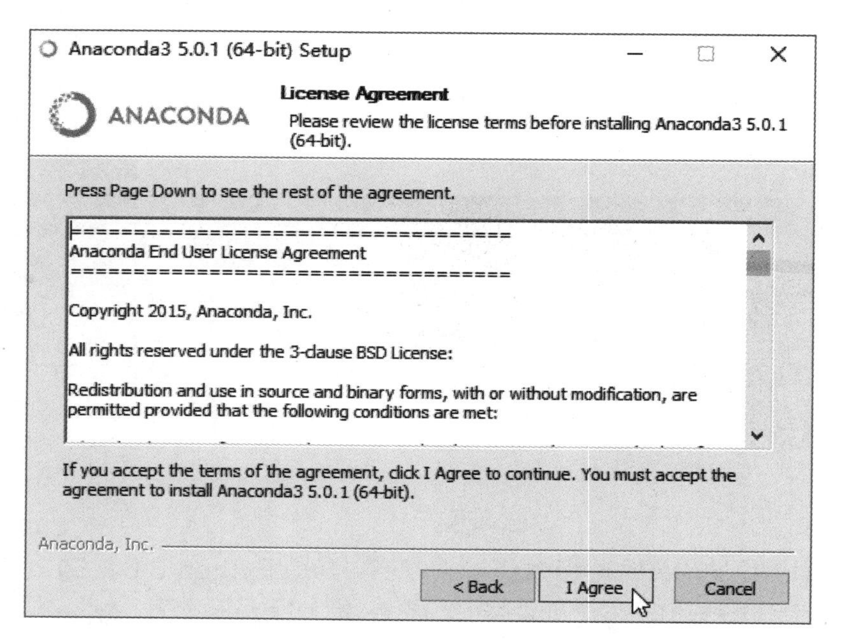

图 1-18

步骤02 设置安装目录，默认是“C:\ProgramData\Anaconda3”，不更改目录的话直接单击“Next”按钮即可，这里选择“D:\Users\Jun\Anaconda3”，如图 1-19 所示。

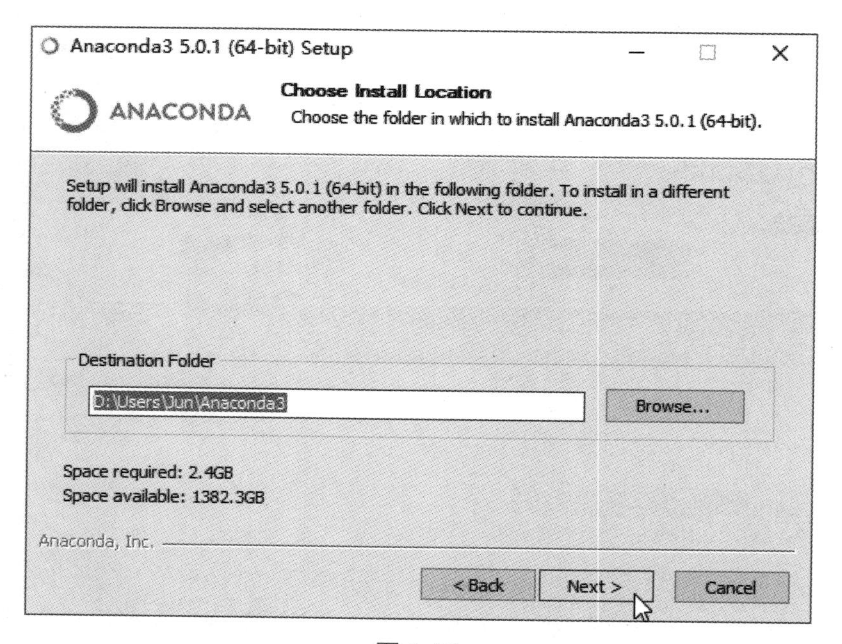

图 1-19

步骤03 接下来的步骤是设置环境变量，保持选项的默认勾选状态再单击“Install”按钮，如图 1-20 所示。

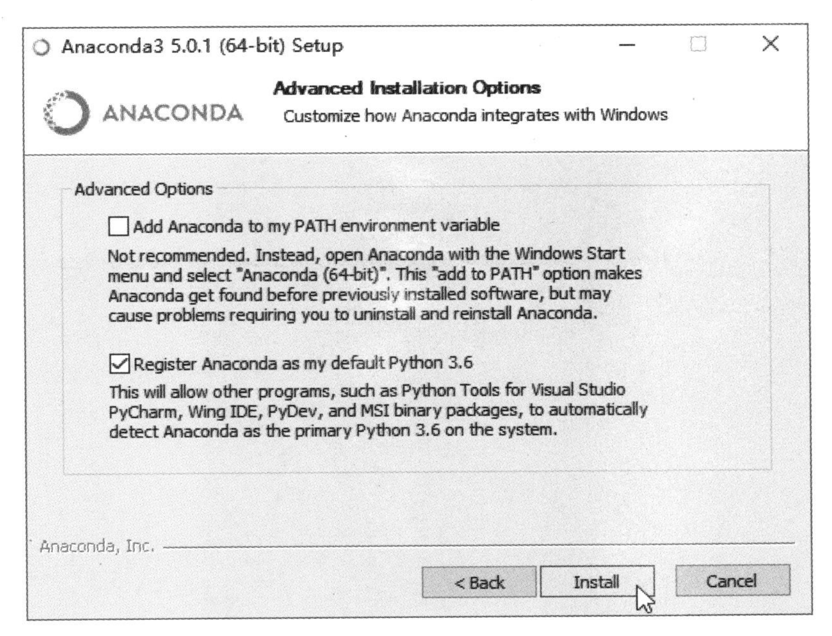

图 1-20

步骤 04 出现如图 1-21 所示的界面表示安装完成了，单击“Finish”按钮结束安装。

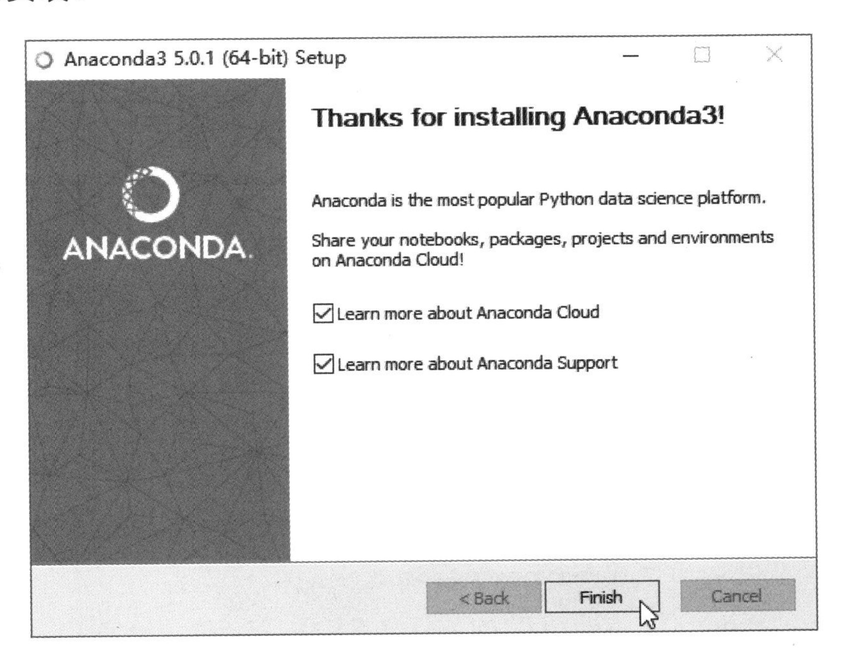

图 1-21

步骤 05 安装完成之后，在 Windows “开始”菜单的应用程序列表中就可以看到如图 1-22 所示的 Anaconda3 菜单。

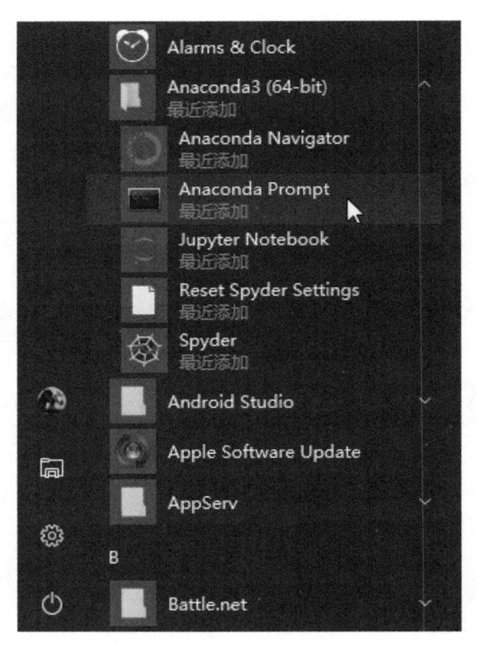

图 1-22

1.5 输入与输出

Python 开发环境安装好了之后就可以准备来编写 Python 程序了，我们可以通过 Windows 命令提示符窗口或是 IPython 命令窗口来编写程序，也可以启动 Spyder 集成开发环境来编写程序。下面分别介绍这三种编写 Python 程序的用法。

1.5.1 Windows 命令提示符窗口

最新版本的 Anaconda3 在 Windows“开始”菜单的应用程序列表中直接提供了启动命令行模式，免去了以往要先执行 Windows 的命令提示符程序“CMD”，也免去了设置 Windows 环境变量的烦琐步骤。单击如图 1-21 中的“Anaconda Prompt”，即可启动如图 1-23 所示的命令行窗口。命令提示符窗口默认是黑底白字，为了本书印刷时的清晰度，我们将默认的黑底白字改成了白底黑字。在 Windows 下，提示符是“>”符号，闪烁的光标就是输入命令的地方。

Anaconda Prompt
(D:\Users\Jun\Anaconda3) C:\Users\Jun>

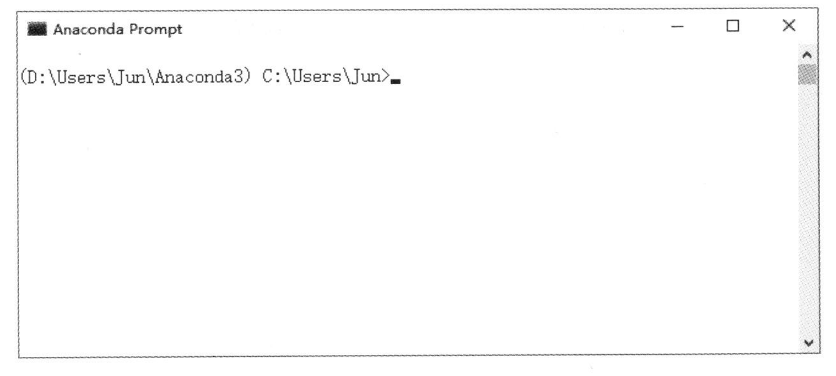

图 1-23

在提示符之后输入“python”，按【Enter】键后就会进入 Python 控制台，如图 1-24 所示。

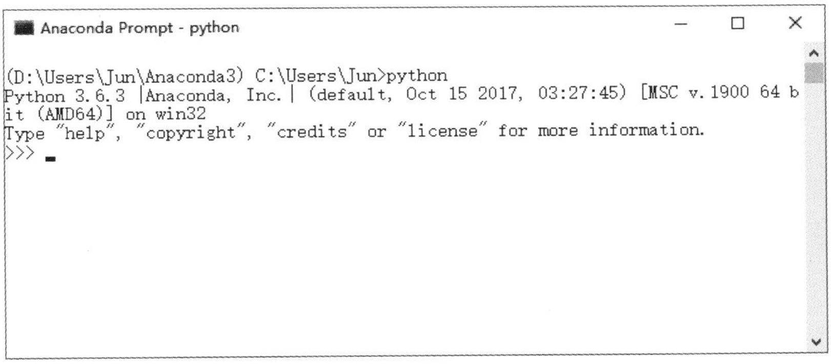

Anaconda Prompt - python
(D:\Users\Jun\Anaconda3) C:\Users\Jun>python
Python 3.6.3 |Anaconda, Inc.| (default, Oct 15 2017, 03:27:45) [MSC v.1900 64 bit (AMD64)] on win32
Type "help", "copyright", "credits" or "license" for more information.
>>>

图 1-24

提示符变成了“>>>”，表示已经成功进入 Python 控制台，在这里就只能使用 Python 的命令了。

如果想要退出 Python 命令行模式，只要先输入“exit()”再按【Enter】键即可。

现在请先不要退出 Python 命令行模式，我们先来熟悉一下 Python 控制台的操作。

请在“>>>”提示符后输入“5+3”，再按【Enter】键，即可看到如图 1-25 所示的计算结果。

```
Anaconda Prompt - python

(D:\Users\Jun\Anaconda3) C:\Users\Jun>python
Python 3.6.3 |Anaconda, Inc.| (default, Oct 15 2017, 03:27:45) [MSC v.1900 64 b
it (AMD64)] on win32
Type "help", "copyright", "credits" or "license" for more information.
>>> 5+3
8
>>>
```

图 1-25

执行之后会直接显示运算结果，并且再次出现“>>>”提示符，等着接收下一条命令。

Python 就是这么直观易用，在还没有开始学习任何 Python 语法之前，可以先体验 Python 的数学计算功能，请大家尝试输入下列算式进行练习。

```
20*5
10-2
40/5
```

1.5.2 IPython 命令提示符窗口

IPython（Interactive Python）是加强版的 Python 交互式命令窗口，除了可以执行 Python 指令，还提供了许多高级的功能。

用 exit() 退出 Python 命令行模式，即退出了“>>>”命令提示符而回退到了“>”命令提示符，接着在“>”提示符后面输入“IPython”就可以启动 IPython 命令提示符，闪烁的光标就是输入指令的地方，每一行程序代码输入与输出都会自动编号，如图 1-26 所示。

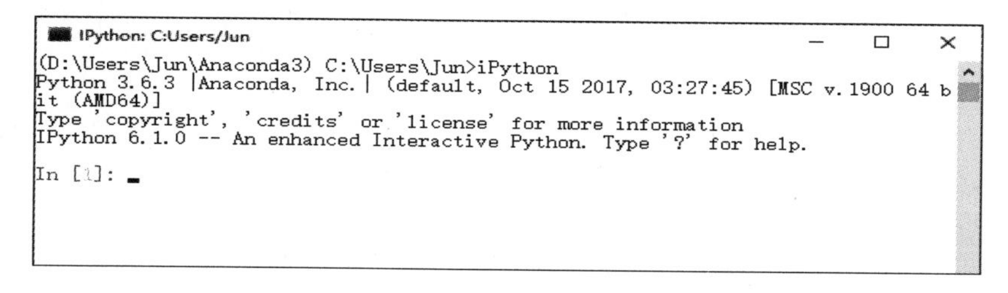

图 1-26

先输入“5+3”，再按【Enter】键后会立刻显示执行结果，如图 1-27 所示。

图 1-27

我们可以看到 IPython 的命令窗口多了颜色的辅助，能很清楚地区分操作数与运算符，输入（In）与输出（Out）也很容易通过颜色来区分。

IPython 命令窗口还有一些辅助功能可以帮助我们快速输入命令，说明如下:

程序代码的自动完成功能

对编程者而言，程序代码的自动完成功能是非常重要的一项功能，它能根据输入的内容自动完成想要输入的程序代码，不仅可加快程序输入的速度，还可减少输入错误的发生。

使用方式非常简单，只要在命令行输入部分文字之后按【Tab】键，就会自动完成输入，如果可选用的程序指令超过一个，就会列出所有命令或函数让用户参考。

例如，要输入下面的指令：

```
print("hello")
```

我们可以先输入“p”后按【Tab】键，由于 p 开头的指令不只一个，因此会列出所有以 p 开头的指令列表，我们可以继续输入，或按【↓】方向键从指令列表中选择想要的命令或函数，如图 1-28 所示。

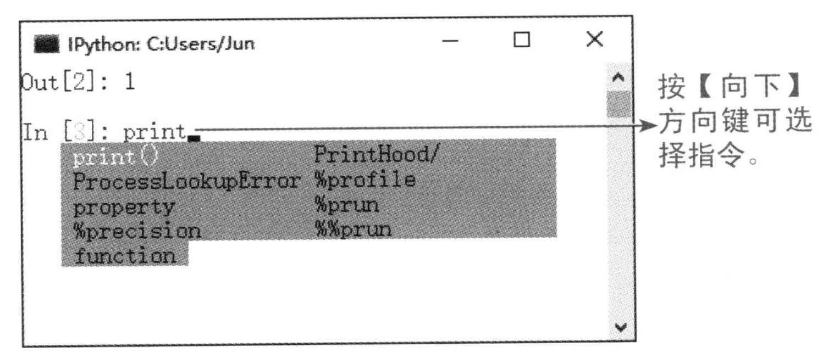

图 1-28

如果候选指令只有一个，按【Tab】键就会自动完成这条指令的输入。

Print() 函数是用来输出文字的，请在 print 之后输入“(“hello”)”文字，按【Enter】键，就会在窗口中显示“hello”，如图 1-29 所示。

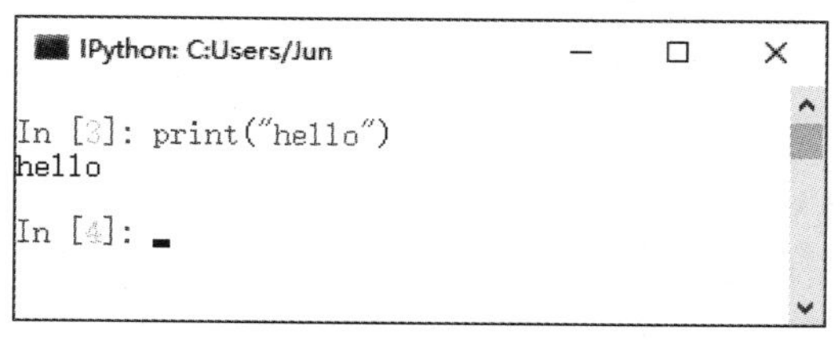

图 1-29

查询函数或指令使用方法

IPython 提供了非常强大的使用说明功能，不管是命令、函数或变量都可以在名称后面加上“?”，随后就会显示该查询项目的使用说明。

例如，想要知道 print() 函数的用法，只要输入“print?”就会显示出使用说明，如图 1-30 所示。

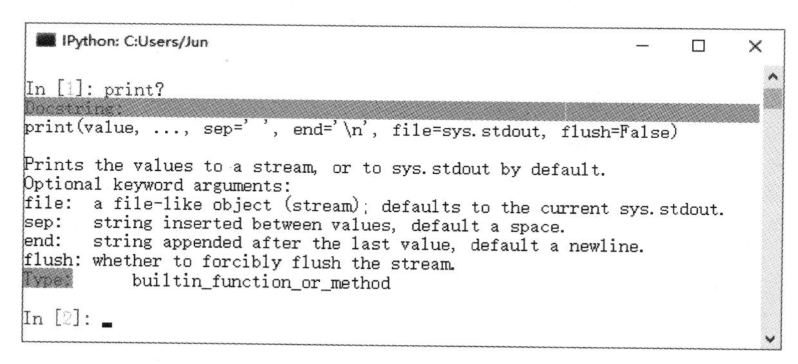

图 1-30

调用使用过的程序代码

如果要输入的程序代码与前面输入过的程序代码相同，可以使用向上或向下的方向键进行选择，按【↑】方向键可显示前次输入的程序代码，按【↓】方向键可显示后一次的程序代码。

找到程序代码之后可以按【Enter】键来执行，也可以加以修改之后再按【Enter】键来执行。

1.5.3 Spyder 集成开发环境

Anaconda 内建的 Spyder 集成开发环境是用于编辑及执行 Python 程序的集成开发环境（Integrated Development Environment，IDE），具有语法提示、程序调试与自动缩排的功能。请在 Windows“开始”菜单的应用程序列表中找到“Anaconda3(64-bit)/Spyder”，再用鼠标单击即可启动 Spyder 集成开发环境。

Spyder 集成开发环境默认的工作区上方是下拉式菜单和工具栏，左边为程序编辑区，右边是功能面板区，如图 1-31 所示。

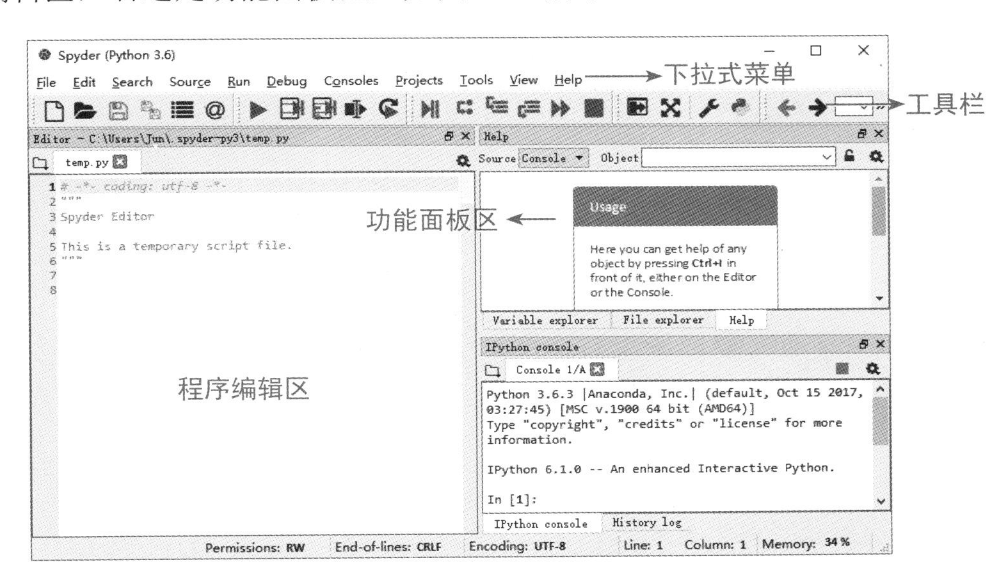

图 1-31

工具栏（Toolbars）

工具栏包含常用的工具按钮（见图 1-32），例如文件的打开、存盘、执行等功能。我们可以从下拉式菜单中选择“View / Toolbars”菜单选项来打开与关闭工具栏。

图 1-32

程序编辑区（Editor）

“Editor”区是用来编写程序的，启动 Spyder 之后默认编辑的文件名是

"temp.py"，我们可以从标题栏看到文件存放的路径与文件名，见图 1-33。

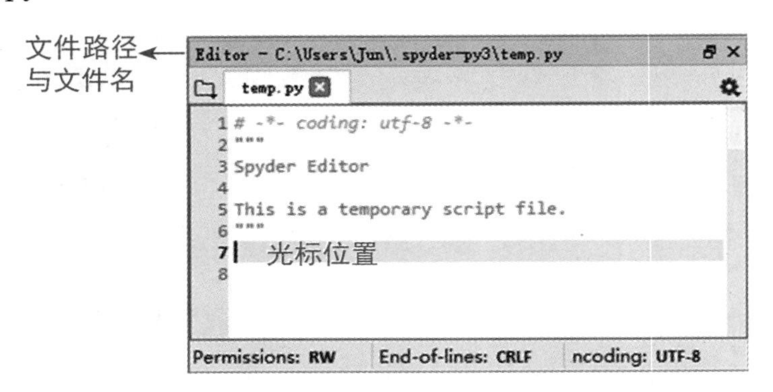

图 1-33

功能面板区（Panes）

功能面板上方默认为文件浏览面板（File Explorer）、变量浏览面板（Variable Explorer）以及帮助面板（Help），下方是 IPython 控制台（IPython Console）和历史日志面板（History Log），如图 1-34 所示。

Spyder 集成开发环境里有许多功能面板可供使用，我们可以通过从下拉式菜单中选择"View / Panes"菜单选项来开启与关闭功能面板。

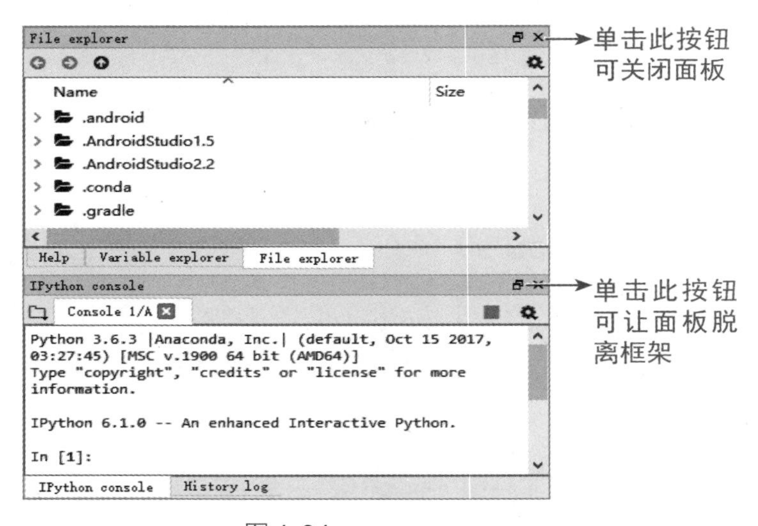

图 1-34

我们也可以从下拉式菜单中选择"View / Window layouts"菜单选项来选择工作区或建立自己的工作区布局，如图 1-35 所示。

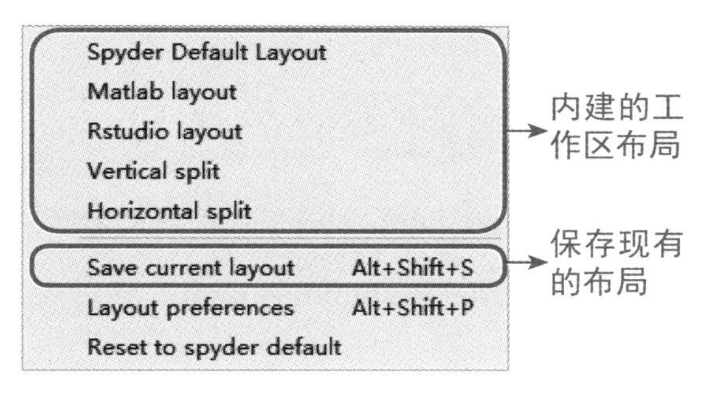

图 1-35

在熟悉了 Spyder 的操作界面之后，我们实际来编写 Python 程序并执行看看。请在程序编辑区输入下列程序语句。

```
a = 5
b = 6
print(a + b)
```

在“Run”下拉菜单中选择“Run”菜单选项或按【F5】键，也可以单击工具栏的 ▶ 按钮来执行这个短程序。

第一次执行时会跳出 Run settings 对话框，让我们设置执行的相关选项，如图 1-36 所示。

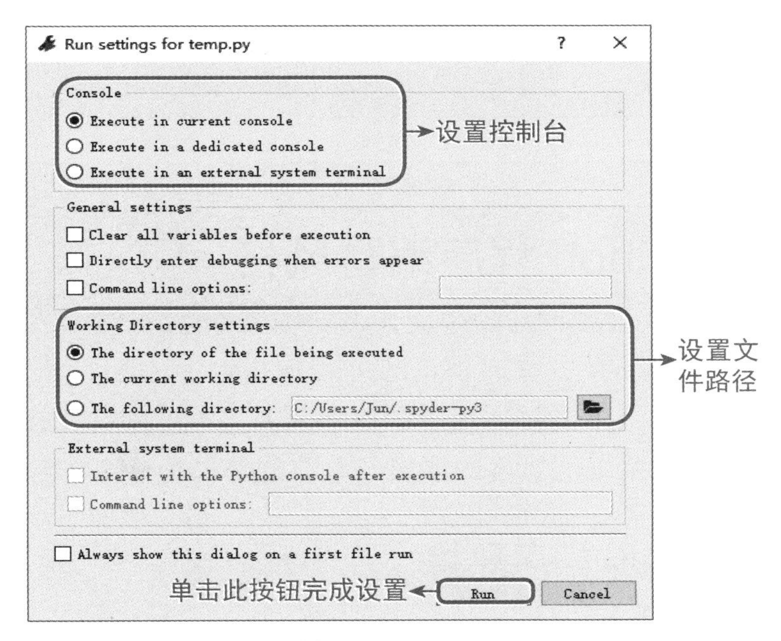

图 1-36

设置执行的控制台有三个选项：

- Execute in current console：在当前的控制台执行。
- Execute in a dedicated console：在专用的控制台执行。
- Execute in an external system terminal：在外部的系统终端执行。

默认是“Execute in current console”选项，所以会选择在“IPython Console”执行，因而会用 IPython 解释器来执行，如图 1-37 所示。

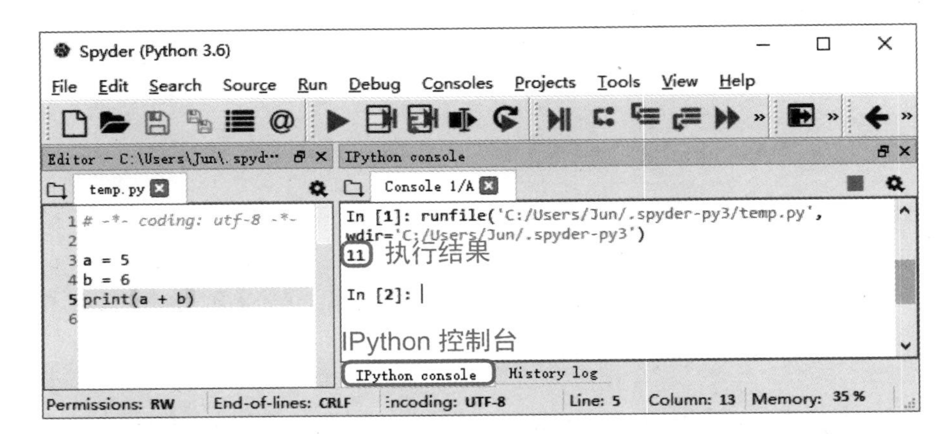

图 1-37

技巧

从“Run”下拉菜单中选择“Configure”菜单选项就可以打开 Run settings 对话框。

1.6 Python 程序编写风格

Python 的设计哲学是优雅、明确与简单，与其他程序设计语言相比，Python 不需要耗费太多时间在语法的细节上，不过为了让程序的可读性高，Python 还是有一些编写风格的惯例，本节就来看看有哪些需要注意的地方。

1.6.1 Python 程序风格

Python 开发手册里专门有一篇有关 Python 程序代码风格（PEP8 - Style

Guide for Python Code）的介绍，里面详细说明了程序代码编写的惯例，让大家遵循通用的代码编写原则。下面列出几个常见的原则，供大家参考。

程序代码缩排

Python 程序里的区块，主要是通过“缩排”来标示出来，例如 if/else 冒号 (:) 的下一行程序必须缩排：

```
score = 40

if score > 60:
    print(" 及格 ")              if 区块
else:
    print(" 不及格 ")
                                 else 区块
    print(" 结束 ")
```

执行之后会得到如图 1-38 所示的结果。

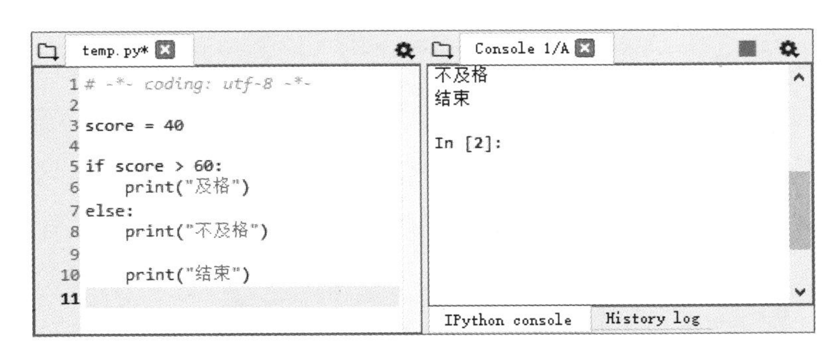

图 1-38

下面打开范例程序“ch01/ch01.py”文件来执行看看。上述程序代码里的 else 区块虽然第 9 行空了一行，不过第 8 行与第 10 行有同样的缩排距离，所以还是会被认为是同一区块。

我们可以试着将程序修改如下，再执行看看。

```
score = 80

if score > 60:
    print(" 及格 ")   if 区块
```

```
else:
    print(" 不及格 ")    else 区块

print(" 结束 ")
```

执行结果如图 1-39 所示。

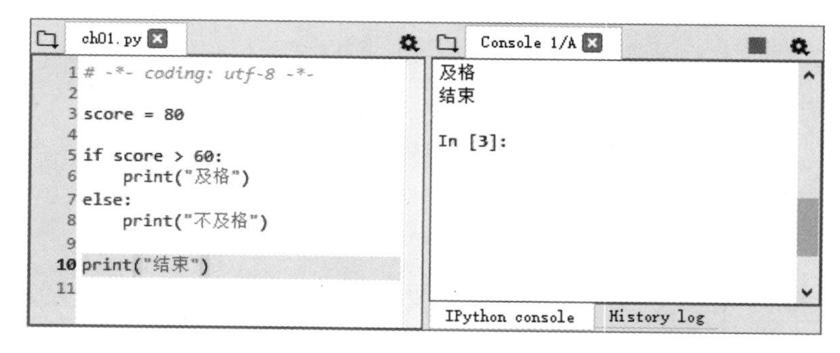

图 1-39

第 8 行与第 10 行程序缩排距离不同，所以第 10 行程序不属于 else 区块，而是单独的一行程序了。

从上述说明我们可以知道 Python 程序代码中的缩排对执行结果有巨大的影响，即 Python 对缩排是非常严谨的。同一个区块的程序代码必须使用相同的空格或制表符进行缩排，否则就会出现错误。若执行有错误，则在该行程序的左边出现 ⚠ 图标，将鼠标移到 ⚠ 图标就会提示错误的原因，如图 1-40 所示。

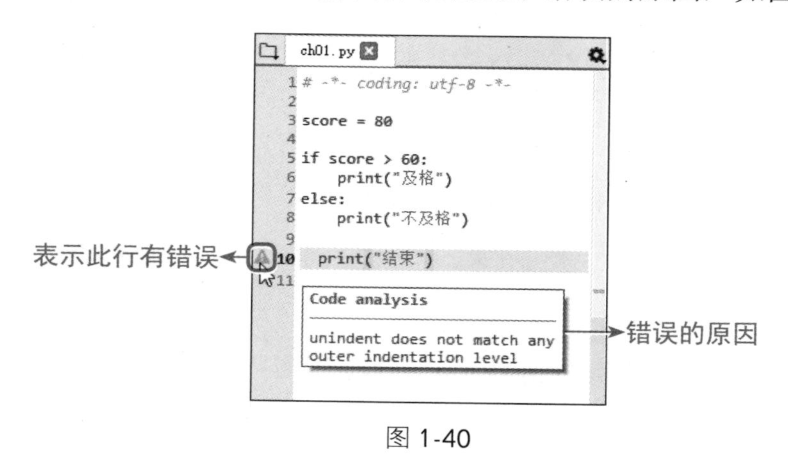

图 1-40

缩排可以使用【空格】键或【Tab】键来产生空格，PEP8 建议以 4 个空格进行缩排，在 Python 编辑工具中按一次【Tab】键默认就是 4 个空格。不过，当改用“记事本”之类的一般文本编辑器来编写 Python 程序时，【Tab】键的间距并不会是 4 个空格，就有可能会造成程序无法执行，为了避免这样的情况发生，建议最好以 4 个空格进行缩排，避免【空格】键或【Tab】键混用。

1.6.2 编码声明

当我们在 Spyder 打开新的空白文件时，其实并不是完全空白的文件，默认会带出编码与注释文字，如图 1-41 所示。

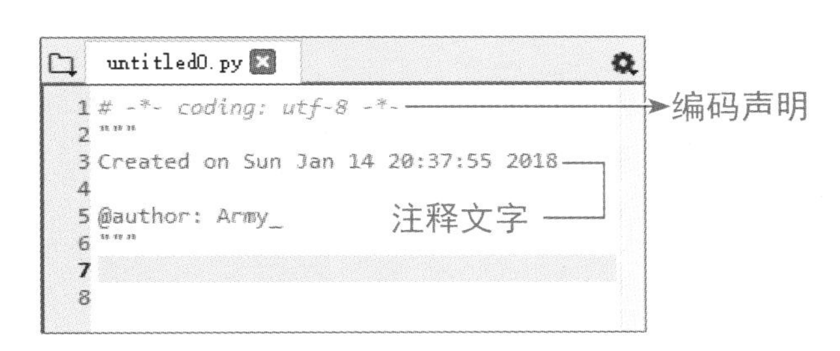

图 1-41

程序的第一行是编码声明（Encoding Declaration），为什么需要编码声明呢？

首先我们先来认识什么是编码。

计算机内的集成电路简单来说只有开与关两种状态，习惯上，我们以 1 代表开、0 代表关，也就是所谓的二进制数字（Binary Digit，或称为二进制码），它也是构成计算机的最小单位，称为比特（Bit，或称为二进制位）。

因为计算机实际上只能记录 0 和 1，当要存取字符或字母时就必须通过编码系统来进行转换。

ASCII 编码

为了整合计算机信息交换的共同标准，美国国家标准学会制定出一套信息交换码，称为 ASCII，是最早也是常用的英文编码系统，以 8 个比特（bit）来表示一个字符，可用来表示英文大小写字母、数字以及符号，因此最多可表示 2^8 = 256 个字符。在 ASCII 编码表上的编码会对应一个字符，我们称为 ASCII 字符，例如 ASCII 编码表的 65 所对应的字符就是大写英文字母“A”，48 所对应的字符是数字“0”。

ASCII码	字符	ASCII码	字符
65	A	48	0
66	B	49	1
67	C	50	2
…	…	…	…

GBK 编码

中文最常用的就是 GBK 编码系统，以 16 个比特（bit）来表示，最多可表示 216=65 536 个字符，每个中文字占用 2 个字节（byte）。GBK 全称为《汉字内码扩展规范》，GBK 即“国标”“扩展”汉语拼音的第一个字母，英文名称为 Chinese Internal Code Specification）。GBK 包含国际标准 ISO/IEC10646-1 和国家标准 GB13000-1 中的全部中日韩汉字，并包含了中国港台地区 BIG5 编码中的所有汉字。

Unicode 与 UTF-8 编码

为了解决世界各国和地区各种编码不兼容的问题，国际标准 ISO/IEC 制订了一套全球通用的编码标准“Unicode”，又称为“统一码”或“万国码”。Unicode 也是以 16 个比特（bit）来表示一个字符，共可表示 65 536 个字符。Unicode 编码字符集包含各个国家和地区的标准字集，解决了在不同语言操作系统里的乱码问题。

常见的 Unicode 标准中，最常使用的是 UTF-8（8-bit Unicode Transformation Format），它是以 8 比特为一个单位，不同的文字采用不固定的字符长度，因为是可变长度的字符编码，占用的空间比较小，是现在许多电子邮件、网页及程序设计语言使用的编码方式。

Python 2.x 是以 ASCII 编码，如果在 Python 程序代码包含了中文的话，执行就会出错，所以必须声明编码方式。

声明编码方式只能放在文件第 1 行或第 2 行，格式如下：

```
# -*- coding: 编码名称 -*-
```

例如指定 UTF-8 编码，就可以如下表示：

```
# -*- coding: utf-8 -*-
```

其中，“-*-”只是为了醒目并没有实际的作用，可以省略如下：

```
# coding:utf-8
```

Python 3.x 默认就是使用 UTF-8 编码，所以编码声明也可以省略，习惯上还是会加入编码声明。

1.6.3 程序注释

注释是用来说明程序代码或是提供其他信息的描述文字，Python 解释器会忽略注释，因此并不会影响执行结果。

注释的目的是增加程序的可读性，尤其是在大型程序开发中，更是需要简单而清楚的注释，比如在注释里记录程序目的、变量以及返回值的说明、算法的主要步骤、作者以及修改日期等信息。

Python 的注释有两种：单行注释与多行注释。

单行注释

单行注释符号是“#”，在“#”之后的文字都会被当成注释，例如：

```
# 这是单行注释
```

多行注释

多行注释是以三个引号来引住注释文字，引号是成对的三个双引号，例如：

```
"""
这是多行注释
用来说明程序的内容都可以写在这里
"""
```

也可以用三个单引号：

```
'''
这也是多行注释
用来说明程序的内容都可以写在这里
'''
```

1.7 上机演练——Hello World

几乎所有程序设计语言初学者的第一个练习范例都是“Hello World”，这不仅是程序设计语言学习的传统，也可以用来检测程序开发的环境是否已经安装妥当。通过这一节的实践演练，我们将练习 Spyder 集成开发环境如何新建文件、编写程序并存盘。

启动 Spyder 之后，默认会载入前一次编辑的 .py 文件，我们将新建一个 Python 文件，请跟着范例进行练习。

【范例程序：HelloWorld.py】

创建第一个程序 Hello World

步骤 01 请依次选择菜单选项“File/New file”或单击工具栏上的 按钮，如图 1-42 所示。

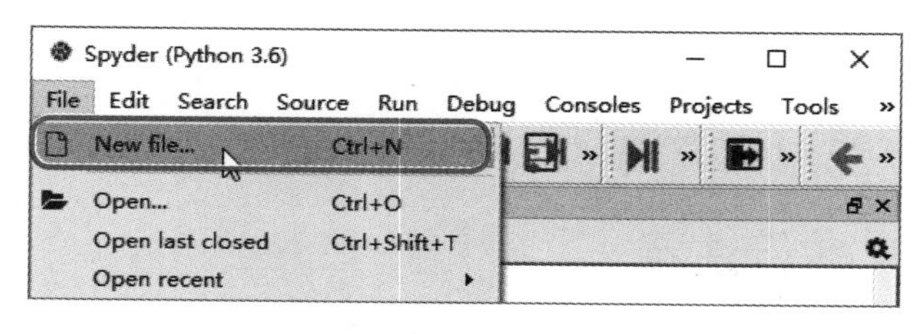

图 1-42

步骤 02 修改注释文字。Spyder 集成开发环境会自动生成注释格式，直接将文字修改为适当注释就可以了，如图 1-43 所示。

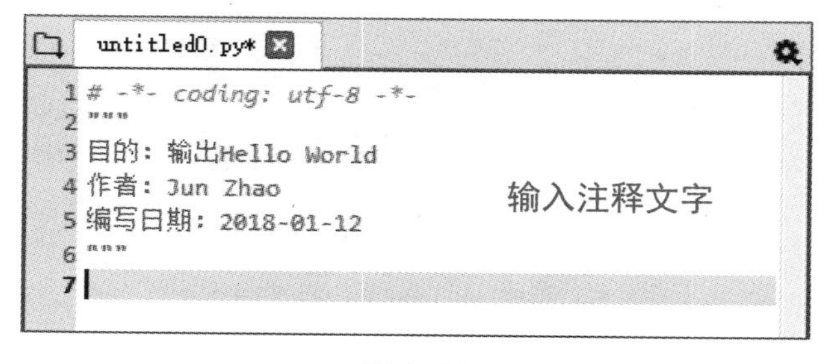

图 1-43

步骤 03 输入下面的程序代码。

```
print ('Hello World')

str="Hello World"
print (str)
```

步骤 04 输入完成就可以执行程序了。按【F5】键或单击工具栏的 ▶ 按钮，如图 1-44 所示。

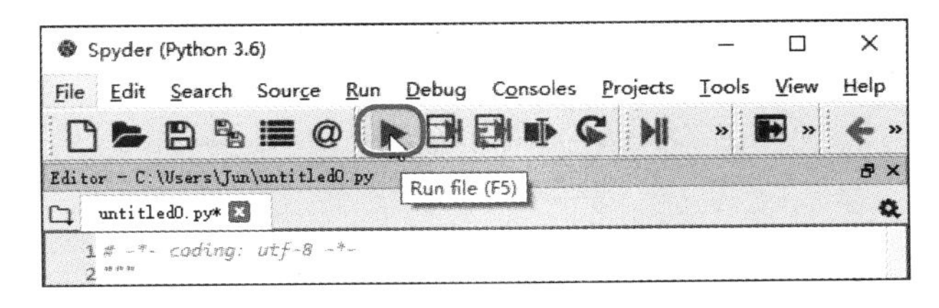

图 1-44

步骤 05 由于尚未存盘，因此在执行之前会先弹出存盘窗口，要求存盘。❶选择适当的文件夹，❷输入文件名“HelloWorld.py”，❸单击“保存”按钮。操作步骤如图 1-45 所示。

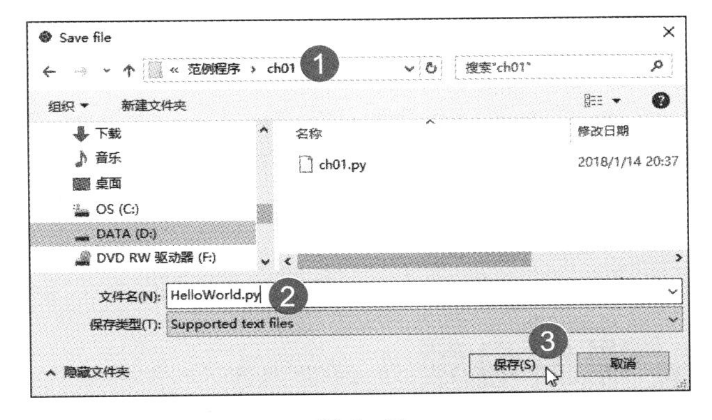

图 1-45

步骤 06 存盘之后就会在 Python 控制台显示执行结果了，如图 1-46 所示。

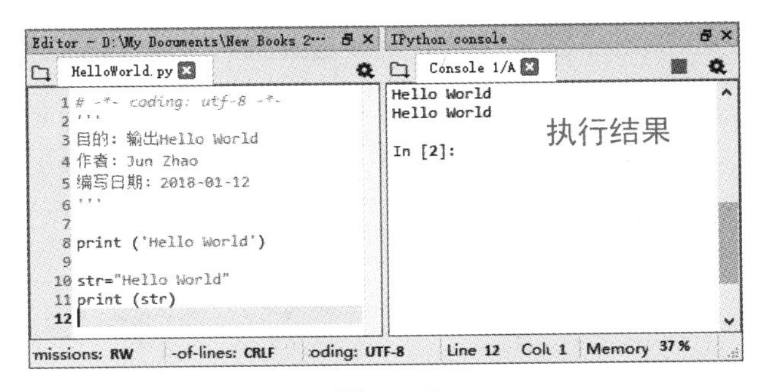

图 1-46

技巧

Python 程序的扩展名是“.py”，文件名可以只输入“HelloWorld”，存盘后会自动加上扩展名“.py”。

学习小教室

如果执行 Python 程序时没有选定用哪一种解释器，执行时就会出现如图 1-47 所示的错误。

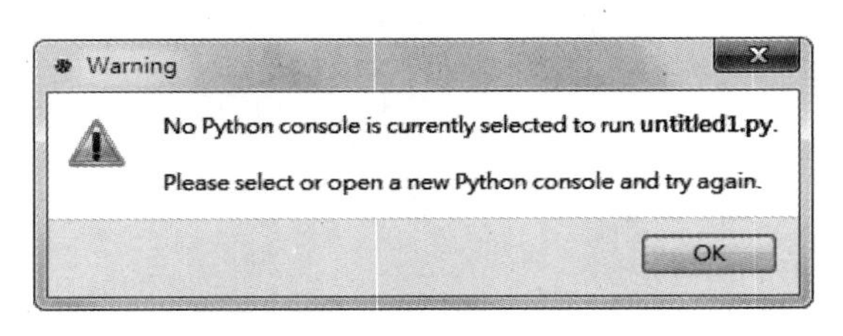

图 1-47

我们可以依次选择菜单选项“Tools / Preferences”，将“Execute in current console”设为默认值，如图 1-48 所示，如此一来就会一律在当前的 IPython 解释器中执行程序了。

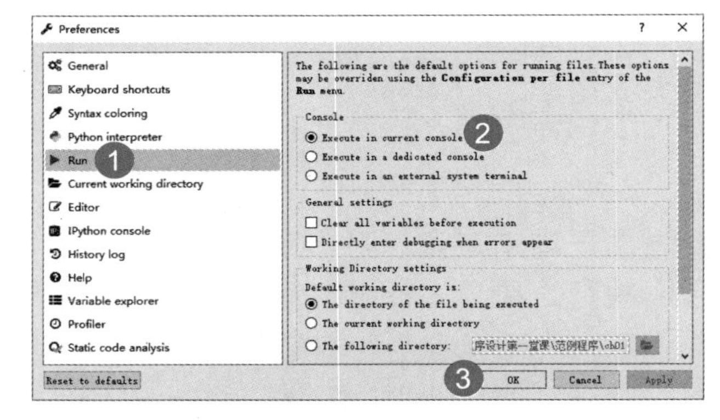

图 1-48

课后习题

实践题

1. 比较说明编译器（Compiler）与解释器（Interpreter）的差别。

2. 试着描述计算 1+2+3+4+5 的算法。

3. 试着描述计算 1+2+3+4+5 的流程图。

第 2 章

数据与变量——输出金字塔图形

学习大纲

- 变量命名与赋值
- 变量命名规则
- Python 的数值类型
- 格式化输出
- format() 函数输出
- 输入函数：input()
- 数据类型转换

程序在执行过程时，经常会需要存取一些数据，例如想要编写一个计算期中考成绩的程序，必须要先输入学生的成绩，经过计算之后，输出总分、平均分与排名。本章我们就来学习如何存储与取用这些数据！

2.1 变量命名与赋值

关于程序，简单地说就是告诉计算机要用哪些数据（Data）按照指令语句一步步来执行，这些数据可能是文字，也可能是数字，计算机会将它们存储在“内存”中，需要时再取出使用，为了方便识别，必须给它们各自取一个名字，这就是“变量”（Variable）。

例如：

```
>>>a = 3
>>>b = 5
>>>c = a + b
```

上面语句中的 a、b、c 就是变量，数字 3 就是 a 的变量值，由于内存的容量是有限的，为了避免浪费内存空间，每个变量会根据需求给定不同的内存大小，因此就有了“数据类型”（Data Type）来加以规范。

2.1.1 变量声明

在程序中使用某个变量之前，必须先告诉程序准备要使用这个变量，这个操作就叫作“变量声明”，目的是为该变量预留所需的内存空间。

Python 是面向对象的语言，所有的数据（Data）都是对象，在变量的处理上也是采用对象引用（Object Reference）的方法，变量的类型是在赋值时决定的，所以不需要声明数据类型。变量的值使用赋值符号（=）来赋值，与数学公式中的等号（=）含义是不同的！

变量声明的语法如下：

```
变量名称 = 变量值
```

例如：

```
number = 10
```

上式表示把数值 10 赋值给变量 number。

Python 执行时才决定数据类型的方式属于“动态类型”，什么是动态类型呢？

程序设计语言的数据类型按照类型检查方式可分为“静态类型”（Statically-typed）与“动态类型”（Dynamically-typed）。

静态类型（Statically-typed）

编译时会先检查类型，因此变量使用前必须先进行明确的类型声明，执行时不能任意更改变量的类型，像 Java、C 语言就是属于此类程序设计语言。例如，下式声明变量 number 是 int 整数类型，默认值是 10，当 number 值被赋值”apple”时就会出错，因为”apple”是字符串，在编译阶段就会因类型不符而编译失败。

```
int number = 10
number = "apple"   #Error:类型不符
```

动态类型（Dynamically-typed）

编译时不会事先进行类型检查，而是在执行时才会根据变量值来决定数据类型，因此变量使用前不需要声明类型，同一个变量还可以赋予不同类型的值，Python 就属于动态类型。例如，下式声明变量 number 默认值是整数 10，当 number 值改为字符串”apple”时，会自动转换类型。

```
number = 10
number = "apple"
print( number )   #输出字符串 apple
```

Python 有垃圾回收机制（Garbage Collection），当对象不再使用时，解释器会自动回收，释放内存空间。例如，上例中，当整数对象 number 重新赋值成另一个字符串对象时，原本的整数对象会被解释器删除掉。

如果对象确定不需要使用了，我们也可以使用“del”指令来删除，语法如下：

```
del 对象名称
```

例如：

```
>>>number = "apple"
>>>print( number )   # 输出 apple
>>>del number          # 删除字符串对象 number
>>>print(number)      #Error: number 未定义
```

执行结果如图 2-1 所示。由于变量 number 已经删除，如果再使用 number 这个变量，就会出现变量未定义的错误信息。

图 2-1

2.1.2 变量命名规则

Python 是区分字母大小写的语言，也就是说 number 与 Number 是两个不相同的变量，变量名称的长度不限，变量名称有以下几点限制：

（1）第一个字符必须是大小写英文字母或下画线（_），不能是数字。
（2）不能使用空格符。
（3）变量名称不能是 Python 保留字（Keywords）。

以下是有效变量名称的范例：

```
_pagecount
fileName01
```

```
length
number_item
```

以下是无效变量名称的范例：

```
2_result
for
$result
user name
```

学习小教室 使用 help() 函数查询 Python 保留字

help() 函数是 Python 的内置函数，对于特定对象的方法、属性不清楚时，都可以使用 help() 函数来查询。

例如，前面提到的 Python 保留字，就可以使用 help() 函数来查看，只要执行“help()”就会进入 help 交互模式，在此模式下输入要查询的指令就会显示出相关说明，操作步骤如图 2-2 所示。

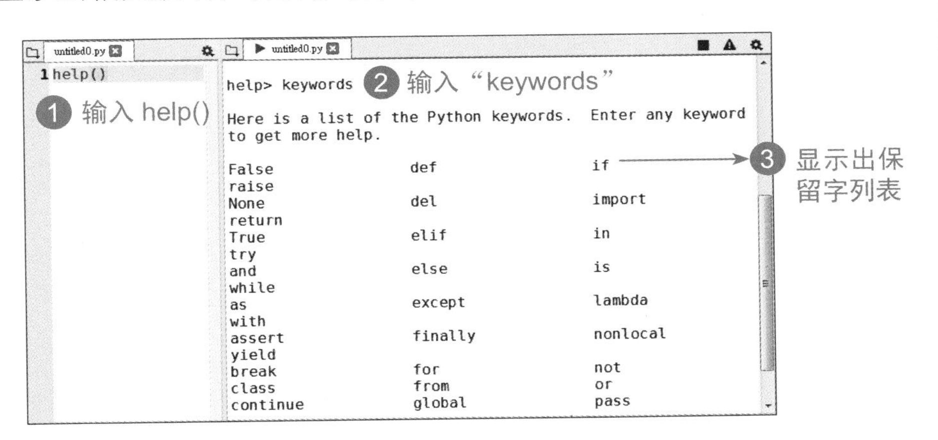

图 2-2

我们也可以在 help> 模式继续输入想要查询的指令，想要退出 help 交互模式时，只要输入 q 或 quit 即可。

我们也可以在输入 help() 指令时带入自变量，例如 help("keywords")，Python 就会直接显示出说明，而不会进入 help 交互模式。

虽然Python采用动态类型，但是对于数据的处理却很严谨，属于“强类型”的数据类型。举例来说：

```
>>> a = 5
>>> b = "45"
>>> print( a+b )   # 显示 TypeError
```

变量a是数值类型，变量b是字符串类型，有些程序设计语言会在不知不觉中转换类型，自动将数值a转换为字符串类型，因此a+b会得到545，Python禁止不同数据类型进行操作，所以执行上面语句就会显示类型错误的失败信息。

学习小教室 强类型VS弱类型

程序设计语言的数据类型有“强类型”（strongly typed）和“弱类型”（weakly typed、loosely typed）的区别，权衡条件之一是对于数据类型转换的安全性。

强类型对于数据类型转换有较严格的检查，不同类型进行运算时必须明确转换类型，程序不会自动转换，比如Python、Ruby就偏向强类型；而弱类型的程序设计语言大部分采取隐式转换（Implicit Conversion），如果不注意就会发生非预期的类型转换而导致错误的执行结果，JavaScript就是偏向弱类型的程序设计语言。

Python提供了下列几种内建的基本数据类型：

- 数值类型（Numeric ype）：int、long、float、complex、bool。
- 字符串类型（String ype）：String。
- 容器类型（Container ype）：tuple（元组）、list（列表）、dict（字典）、set（集合）。

在以下的章节中会陆续介绍字符串及特殊的容器类型，接下来我们先看看Python的数值类型。

2.2 Python 的数值类型

Python 的数值类型有整数（int）、浮点数（float）、布尔值（bool）与复数（complex），下面逐一说明这些数值类型的用法。

2.2.1 整数与浮点数

整数是指不含小数点的数字，浮点数则是带有小数点的数值类型。

整数

Python 2.x 的整数有 int（整数）和 long（长整数）两种类型，但 Python 3.x 之后就只有 int 整数类型，Python 的数值处理能力相当强大，基本上没有位数的限制，只要硬件 CPU 支持的情况下再大的整数都可以处理。

整数是指正整数或负整数，不带小数点，除了以十进制（decimal）来表示，也能以二进制（binary）、十六进制（hexadecimal）、八进制（octal）来表示。只要分别在数字之前加上 0b、0x、0o 来指定进位制即可，表 2-1 是整数的一些例子。

表 2-1

整数	说明
100	十进制
0b1100100	二进制
0x64	十六进制
0o144	八进制
-745	负数

浮点数

带有小数点的数值都会被视为浮点数，除了一般小数点表示，也可以使用科学记数法的格式以指数来表示，表 2-2 都是合法的浮点数表示方式。

表 2-2

浮点数	说明
25.3	带有小数点的正数
-25.3	带有小数点的负数
1.	1.0
5e6	5000000.0

计算机中的数字是采用 IEEE 754 标准规范来存储的，IEEE 754 标准的浮点数并不能精确地表示小数，举例如下：

```
num = 0.1 + 0.2
```

得到的 num 并不等于 0.3，而是 0.30000000000000004。这并不是 Python 独有的问题，所有的程序设计语言对浮点数运算都有精确度的问题，因此进行浮点数运算时必须特别小心。下面提供两个小数运算的方法，以供大家参考。

➢ 使用 decimal 模块进行小数运算

decimal 模块是 Python 标准库模块，使用它的时候需要先使用 import 指令将该模块加载，加载之后使用 decimal.Decimal 类来存储精确的数字，如果自变量为非整数时，则必须以字符串形式传入，例如：

```
import decimal
num =  decimal.Decimal("0.1") + decimal.Decimal("0.2")
```

得到的结果就是 0.3。

➢ 使用 round() 函数强制小数点的指定位数

round(x[, n]) 是内建函数，将返回参数 x 最接近的数值，n 是指定返回的小数点位数，例如：

```
num =  0.1 + 0.2
print( round(num, 1) )
```

上面语句是将变量 num 取到小数点 1 位，因此会得到 0.3。

2.2.2 布尔值与复数

布尔值（bool）是 int 的子类，只有真假值 True 与 False，或是 1 与 0，1 代表 True，0 代表 False。任何值都可以被转换成布尔值，表 2-3 都会被视为 False，其他的值都会视为 True。

表 2-3

False	说明
0	数字0
“”	空字符串
None	None
[]	空的List
()	空的Tuple
{}	空的Dict

在 Python 中，必须是相同数据类型才能进行运算，例如字符串与整数不能相加，必须将字符串转换为整数，如果运算符都是数值类型时，Python 会自动转换，不需要强制转换数据类型，例如：

```
num = 5 + 0.3    # 结果 num=5.3 （浮点数）
```

Python 会自动将整数转换为浮点数再进行运算。布尔值也可以当成数值来运算，True 代表 1，False 代表 0，例如：

```
num = 5 + True   # 结果 num=6 （整数）
```

如果是想把字符串转换为布尔值，可以通过 bool 函数来进行转换，下面的范例使用 print() 函数显示布尔值。

【范例程序：bool.py】

转换布尔类型

```
01  print( bool(0) )
02  print( bool(" ") )
03  print( bool(" ") )
04  print( bool(1) )
05  print( bool("ABC") )
```

执行结果如图 2-3 所示。

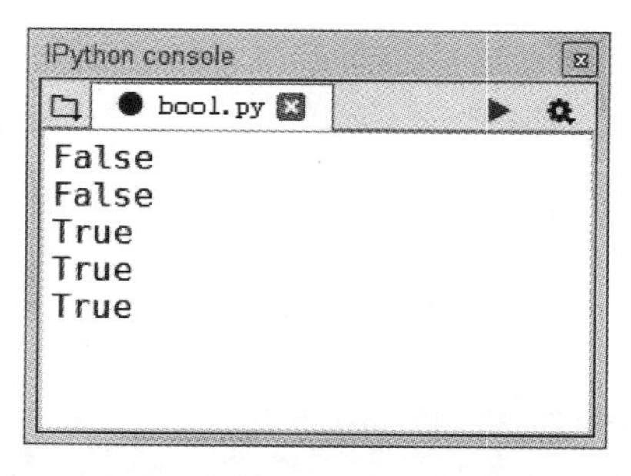

图 2-3

技巧

使用布尔值 False 与 True 时要特别注意第一个字母必须大写。

复数（complex）

复数是数学与电子学领域会使用的数值，复数当中有个“虚数单位”i（有些领域的 i 是用 j 来表示），它是 -1 的平方根，也就是 $i^2 = -1$，复数表达式如下：

```
x + yi
```

其中，x 称为复数的实部（real part），y 称为复数的虚部（imaginary part），i 是虚数单位，例如：5+6i 是复数，它的实部为 5，虚部为 6。Python 复数的虚数单位是用“j”或“J”来表示。

Python 要表示复数可以使用 complex(x, y) 来表示，例如执行下式：

```
print( complex(5, 6) )
```

就会显示：

```
(5+6j)
```

当然也可以直接输入复数的表示式，例如 a = 5 + 6j，等于把一个复数赋值给 a，我们可以使用 real 属性来取出实部的数、使用 imag 属性取出虚部的数，例如：(complex.py)

```
a = 5 + 6j
```

```
print( a.real )
print( a.imag )
```

会得到如图 2-4 所示的结果。

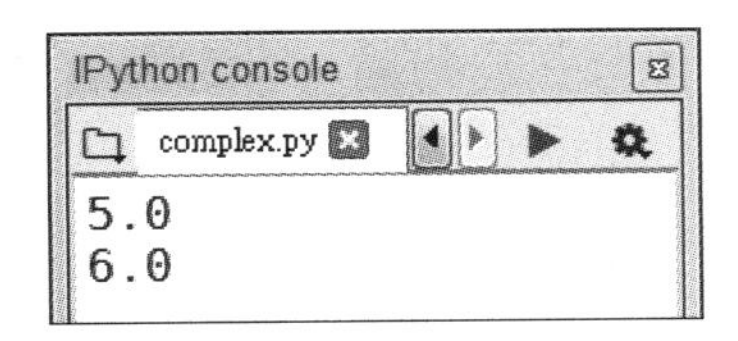

图 2-4

2.3 格式化输出

学习 Python 时通常是从控制台输出程序的执行结果，或是从控制台获取用户输入的数据。前面我们使用 print() 函数输出执行的结果，在本章中我们就来看一下 print() 函数的用法，以及如何输入数据。

2.3.1 输出函数：print()

print() 是 Python 的内建函数，语法如下：

```
print(value[, ..., sep=' ', end='\n'])
```

[] 内表示可省略的参数，参数说明如下：

- value：输出的数据，输出内容可以用逗号（,）隔开，例如 print(10, 20, 30)，会输出 10 20 30，如果需要输出字符串，可以在字符串前后两端加上双引号或单引号，例如 print("10,20,30")。
- sep：分隔符，默认是空格（' '），例如 print(10, 20, 30, sep="@")，会输出 10@20@30，如果省略 sep 不写，就会以默认的空格来分隔输出的数据。
- end：结尾符号，默认是"\n"，"\n"是换行的意思，如果省略 end 不写，执行 print() 函数之后就会换行；如果不想换行只要将 end 设置为空字符串即可。例如：print(10, 20, 30, end='')。

接下来看看实际范例，大家就会更清楚 print() 函数的用法了。

【范例程序：print.py】

云盘下载 基本输出

```
01  print("开始输出")
02  print(1, 2, 3)
03  print(4, 5, 6, sep="@")
04  print(7, 8, 9, sep="|", end=" ")
05  print(10, 11, 12, sep="*")
06  print("结束输出")
```

执行结果 >> 如图 2-5 所示。

```
开始输出
1 2 3
4@5@6
7|8|9 10*11*12
结束输出
```

图 2-5

程序第 1 行和第 6 行是输出字符串，分别显示“开始输出”和“结束输出”；第 2 行输出数字；第 3 行输出以“@”分隔的数字；第 4 行输出以“|”分隔的数字，而且不换行；第 5 行输出以“*”分隔的数字。

2.3.2 格式化输出

print() 函数支持格式化输出，有两种格式化方法可以使用，一种是以“%”格式化输出，另一种是通过 format 函数格式化输出，下面先介绍“%”格式化输出。

“%”格式化输出

格式化文本可以用“%s”代表字符串、“%d”代表整数、“%f”代表浮点数，语法如下：

```
print(格式化文本 % (自变量1, 自变量2,…, 自变量n))
```

例如：

```
score = 66
print(" 大明的数学成绩：%d" % score)
```

执行结果 >>

大明的数学成绩：66

其中，%d 就是格式化格式，代表输出整数格式。各种输出格式可参考表 2-4。

表 2-4

格式化符号	说明
%s	字符串
%d	整数
%f	浮点数
%e	浮点数，指数e形式（科学记数法）
%o	八进制整数
%x	十六进制整数

格式化输出可以用来控制打印位置，让输出的数据能整齐排列，例如：

```
print("%5s 的数学成绩：%5.2f" % ("Jenny",95))
print("%5s 的数学成绩：%5.2f" % ("andy",80.2))
```

执行结果 >> 如图 2-6 所示。

```
Jenny的数学成绩：95.00
 andy的数学成绩：80.20
```

图 2-6

上述范例中格式化文本有两个自变量，所以自变量必须用括号来括住，其中 %5s 表示固定打印 5 个字符，当少于 5 个字符时，会在字符串左边补上空格符；%5.2f 表示固定打印 5 位数的浮点数，小数点占 2 位。

下面示范将数字 100 分别用 print 函数输出浮点数、八进制数、十六进制数以及二进制数，请大家跟着范例练习看看。

【范例程序：print_%.py】

整数输出不同进制数

```
01  num = 100
02  print ("数字 %s 的浮点数：%5.1f" % (num,num))
03  print ("数字 %s 的八进制数：%o" % (num,num))
04  print ("数字 %s 的十六进制数：%x" % (num,num))
05  print ("数字 %s 的二进制数：%s" % (num,bin(num)))
```

执行结果 >> 如图 2-7 所示。

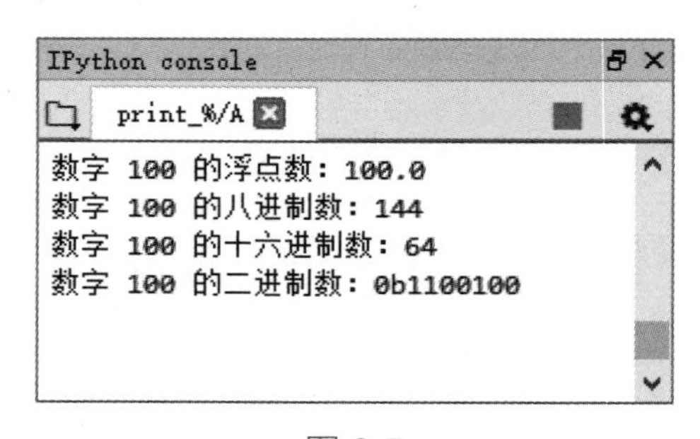

图 2-7

范例中输出八进制数、十六进制数以及二进制数，由于二进制数并没有格式化符号，因此可以通过内建函数 bin() 将十进制数转换成二进制数字符再输出。

format() 函数输出

格式化输出也可以搭配 format() 函数来使用，相对于 % 格式化的方式，format() 函数更加灵活，用法如下：

```
print("{} 是个用功的学生 . ".format(" 王小明 "))
```

一般简单的 format 用法会用大括号 {} 表示，{} 内则用 format() 里的自变量替换。format() 函数相当具有弹性，具有两大优点：

（1）不需要理会自变量数据类型，一律用 {} 表示。

（2）可使用多个自变量，同一个自变量可以多次输出，位置可以不同。

举例来说：

```
print("{0} 今年 {1} 岁 . ".format(" 王小明 ", 18))
```

其中，{0} 表示使用第一个自变量、{1} 表示使用第二个自变量，以此类推，如果 {} 内省略数字编号，则会按照顺序填入。

我们也可以使用自变量名称来取代对应的自变量，例如：

```
print("{name} 今年 {age} 岁 . ".format(name=" 王小明 ", age=18))
```

直接在数字编号后面加上冒号“:”可以指定参数格式，例如：

```
print('{0:.2}'.format(5.5625))
```

表示第一个自变量取小数点后 2 位。

另外，也可以搭配“^”“<”“>”符号加上宽度来让字符串居中、左对齐或右对齐，例如：

```
print("{0:10} 成绩: {1:_^10}".format("Jennifer", 95))
print("{0:10} 成绩: {1:>10}".format("Brian", 87))
print("{0:10} 成绩: {1:*<10}".format("Jolin", 100))
```

执行结果 >> 如图 2-8 所示。

```
Jennifer  成绩: ____95____
Brian     成绩:         87
Jolin     成绩: 100*******
```

图 2-8

其中，{1:_^10} 表示宽度 10，以下画线“_”填充并设置为居中；{1:>10} 表示宽度为 10 且靠右对齐，未指定填充字符就会以空格填充；{1:*<10} 表示宽度为 10，以星号“*”填充并靠左对齐。

2.3.3 输入函数：input()

在程序执行的过程中，可以使用 input() 函数获取用户的输入数据，input() 函数可以指定提示文字，用户输入的数据则存储在指定的变量中，语法如下：

```
变量 = input(" 提示文字 ")
```

例如：

```
score = input(" 请输入数学成绩：")
print("%s 的数学成绩：%5.2f" % ("Jenny",float(score)))
```

执行结果 >> 如图 2-9 所示。

```
请输入数学成绩：50
Jenny的数学成绩：50.00
```

图 2-9

当程序执行时，遇到 input 指令会先等待用户输入数据，当用户输入完成并按【Enter】键之后，就会将用户输入的数据存入变量 score 中。

用户输入的数据是字符串格式，我们可以通过内建的 int()、float()、bool() 等函数将输入的字符串转换为整数、浮点数、布尔值类型。上面范例中指定的格式是浮点数（%5.2f），所以使用 float() 函数将输入的 score 值转换为浮点数。下一节将介绍更完整的数据类型转换。

技巧

如果是使用 Spyder 这类的编辑器，程序执行到输入提示信息时，别忘了将输入光标切换到 IPython 控制台再进行输入。

下面通过范例再次练习输出与输入的用法。

【范例程序：format.py】

format 格式化输出

```
01  name = input(" 请输入姓名：")
02  chi_grade = input(" 请输入语文成绩：")
```

```
03  math_grade = input("请输入数学成绩：")
04
05  print("{0:8}{1:>5}{2:>5}".format("姓名","语文","数学"))
06  print("{0:<10}{1:>6}{2:>6}".format(name,chi_grade,math_
    grade))
```

执行结果>> 如图 2-10 所示。

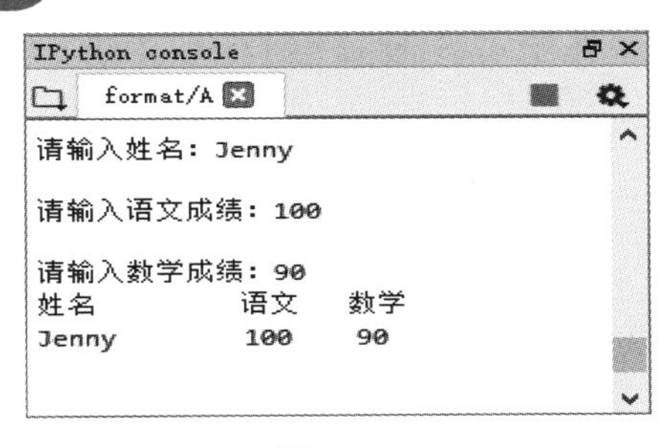

图 2-10

2.3.4 数据类型转换

当不同数据类型要进行运算时，就必须强制转换数据类型，Python 强制转换数据类型的内建函数有下列三种。

int()：强制转换为整数数据类型

例如：

```
x = "5"
num = 5 + int(x)
print(num)                  # 结果：10
```

变量 x 的值是 5，字符串类型，所以先用 int(x) 转换为整数类型。

float()：强制转换为浮点数数据类型

```
x = "5.3"
num = 5 + float(x)
print(num)   # 结果：10.3
```

变量 x 的值是 5.3，字符串类型，所以先用 float(x) 转换为浮点数类型。

str()：强制转换为字符串数据类型

```
x = "5.3"
num = 5 + float(x)
print("输出的数值是 " + str(num))    # 结果：输出的数值是 10.3
```

print() 函数中“输出的数值是”这一串字是字符串类型，“+”可以将两个字符串相加，变量 num 是浮点数类型，所以必须先转换为字符串。

【范例程序：conversion.py】

数据类型转换

```
01  str = "{1} + {0} = {2}"
02  a = 150
03  b = "60"
04  print(str)
05  print(str.format(a, b, a + int(b)))
```

执行结果 >> 如图 2-11 所示。

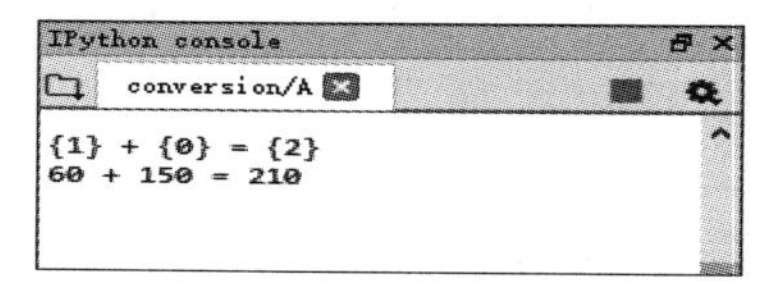

图 2-11

程序第 1 行先指定了显示的格式。注意，大括号 {} 的数字编号顺序是 {1}、{0}、{2}，所以变量 a 与 b 显示的顺序会与 format 里的自变量顺序不同。由于 b 是字符串格式，因此先用 int() 转换为整数类型再进行计算。

2.4 上机演练——输出金字塔图形

本节将使用一个范例来复习前面所介绍的内容，范例主题是输出金字塔图形。

2.4.1 程序范例描述

这个演练题目是要输出金字塔图形，题目要求如下：

（1）让用户输入金字塔层数 h 以及要构成金字塔的符号 s，输出金字塔图案。

（2）金字塔的每一层左侧必须列出层数编号。

（3）执行完成之后询问用户要离开或继续，等用户输入“x”时显示文字“Goodbye!!”，或按任意键重复输出金字塔图形。

➢ 输入说明

金字塔层数 h，格式为数字 1~10，以 h=8 为例。

金字塔符号 s，格式为任意一个字符，以 s="*" 为例。

➢ 输出范例（参考图 2-12）

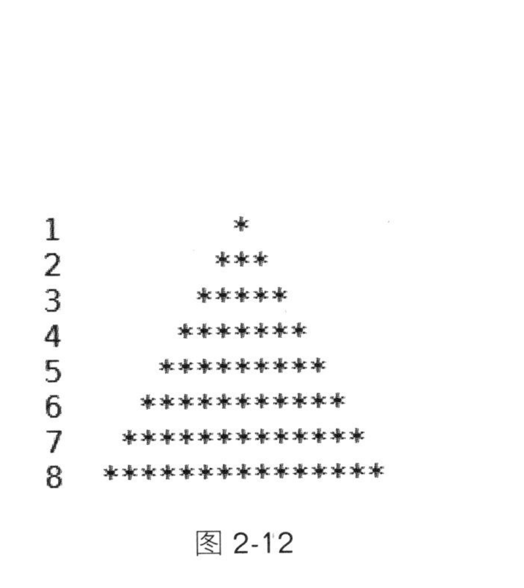

图 2-12

➢ 流程图（参考图 2-13）

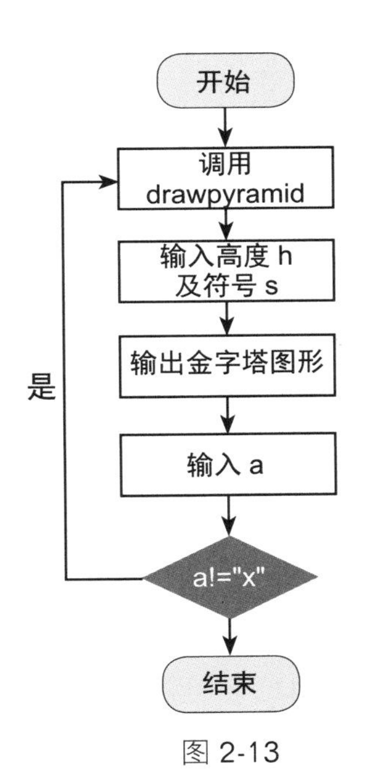

图 2-13

2.4.2 程序代码说明

这个练习可以使用 format() 输出，只要计算出每一层放置的符号数量，将符号居中，而后一层输出就会呈现金字塔的图形。

我们先试着找出算法，当高度 h 输入 1 时，打印 1 个符号；输入 2 时，打印 3 个符号；输入 3 时，打印 5 个符号……以此类推，所以只要将每一层高度乘以 2 再减 1，就是需要的符号数量了，请参考表 2-5。

表 2-5

高度	规则	符号数量
1层	(1*2)-1	1个
2层	(2*2)-1	3个
3层	(3*2)-1	5个
4层	(4*2)-1	7个
n层	(n*2)-1	…

我们可以发现每一层的输出是有规则的，而且重复执行 n 次就可以完成输出，这种具有规则而且重复执行的流程非常适合使用流程控制的“循环”来完成。

第 4 章将会完整介绍流程控制的语句，在这个范例中，使用“for”循环语句，使用方式如下：

```
for  变量 in 序列:
     程序语句
```

序列可以是 list、str、tuple 以及 range 等类型，这个范例中使用的是 range 序列，它是整数序列，用法如下：

```
range([start], stop[, step])
```

参数 start 是起始值，可省略，表示从 0 开始；stop 是终止值，产生的序列不包含终止值本身；step 是增减值，可省略，省略时表示递增 1，例如 range(5)，表示“0,1,2,3,4”序列；range(5, 10)，表示“5,6,7,8,9”序列。例如，范例中使用的 for 循环语句如下：

```
for n in range(1,h+1):
str="{0}{1:^20}"
    print(str.format(n,s*(n*2-1)))
```

变量 n 是 for 循环需要用到的变量，range 序列从 1 开始，直到 h+1 终止，没有指定增减值，表示每轮循环执行 n 加 1。这一段的完整程序如下：

```
h = int( input(" 请输入您要显示的金字塔层数 (1~10):") )
s = input(" 请输入要显示的符号 :")

for n in range(1,h+1):
str="{0}{1:^20}"
    print(str.format(n,s*(n*2-1)))
```

这里使用 format() 指定输出格式，括号内带入两个自变量，分别是 n 以及 s*(n*2-1)，上述程序执行之后就会输出金字塔图形并于左侧列出层数。

题目要求的设计还没完成！还需要让用户决定是否结束程序，因此需要让程序可以重复上述程序代码，我们可以将上述程序代码写成函数（function），第 7 章将会详细介绍函数的用法，在此仅简单介绍如何自定义函数。

函数的操作有两个步骤：

步骤 01 定义函数。

步骤 02 调用函数。

定义函数

在 Python 中定义函数是使用关键词“def”，其后空一格接函数的名称，再串接一对小括号，小括号内可以填写传入函数的参数，小括号之后再加上“:”，格式如下：

```
def 函数名称 ( 参数 1, 参数 2, …):
    程序语句区块
return 返回值              # 有返回值时才需要
```

函数也可以无参数，比如范例中的函数就不需要传入参数，可以如下形式表示：

```
def drawpyramid():
```

当函数需要返回值时可以使用 return 指令，表示函数把数据返回给原调用函数者，如果不需要返回值的函数就不需要加上 return 这行语句了。

函数内的程序语句必须缩排，而且同一程序区块的缩排距离必须相同。例如，范例中所定义的函数名称为 def drawpyramid，函数内包含了 for 循环与 if 条件判断语句，它们都有各自的程序区块范围，编写程序时，必须要利用缩排来清楚定义出各自的程序区块，可参考图 2-14 给出的示意图，双向箭头表示缩排距离。

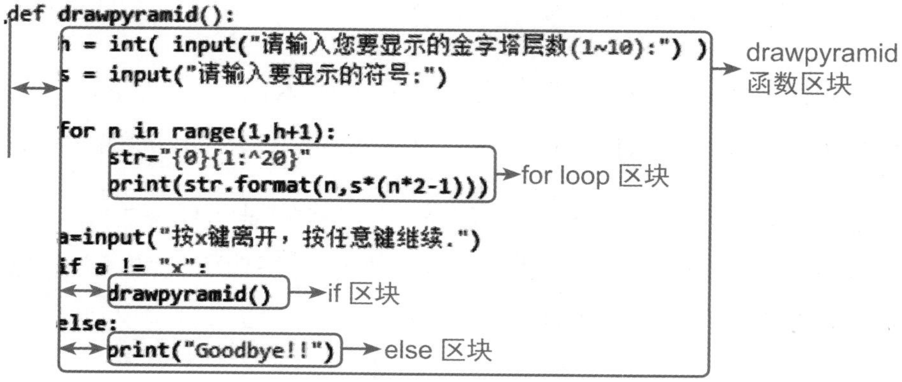

```
def drawpyramid():
    h = int( input("请输入您要显示的金字塔层数(1~10):") )
    s = input("请输入要显示的符号:")

    for n in range(1,h+1):
        str="{0}{1:^20}"
        print(str.format(n,s*(n*2-1)))

    a=input("按x键离开，按任意键继续.")
    if a != "x":
        drawpyramid()
    else:
        print("Goodbye!!")
```

drawpyramid 函数区块

for loop 区块

if 区块

else 区块

图 2-14

调用函数

声明函数之后，程序编译时就会产生与函数同名的对象，调用函数时只要使用括号“()”运算符就可以了，如下所示。

```
函数名称 ( 自变量 1, 自变量 2, …)
```

函数没有传入的参数时也就不会有自变量，直接如下表示即可。

```
drawpyramid()
```

drawpyramid 函数执行完绘制金字塔的程序之后，会提示用户“按 x 键离开，按任意键继续。”判断用户输入的值是不是“x”，如果是就显示“Goodbye!”，否则再次调用 drawpyramid() 函数。

我们可以使用 if...else 条件判断语句来判断用户输入的值，if...else 条件判断语句的语法如下：

```
if 条件表达式 1:
    如果条件表达式 1 成立，就执行这一个区块的语句
elif 条件表达式 2:
如果条件表达式 2 成立，就执行这一个区块的语句
else:
    如果条件表达式不成立，就执行这一个区块的语句
```

条件表达式经常使用等于（==）或不等于（!=）来判断，例如这个范例程序中判断用户输入的值 a 是不是等于“x”，可以这样来表示：

```
if a != "x":
    drawpyramid()
else:
    print("Goodbye!!")
```

说明至此，相信大家应该已经清楚地了解了这个范例执行的流程及其程序代码。下面列出完整的程序代码供大家参考。

云盘下载

【范例程序：Review_pyramid.py】

输出金字塔图形

```
01  # -*- coding: utf-8 -*-
02  """
03  程序名称：输出金字塔图形
04  """
06
06  def drawpyramid():          # 定义 drawpyramid 函数
07      h = int( input(" 请输入您要显示的金字塔层数 (1~10):") )
08      s = input(" 请输入要显示的符号 :")
09
10      for n in range(1,h+1):
11          str="{0}{1:^20}"
12          print(str.format(n,s*(n*2-1)))
13
14      a=input(" 按 x 键离开，按任意键继续。")
15      if a != "x":
16          drawpyramid()    # 调用 drawpyramid 函数
17      else:
18          print("Goodbye!!")
19
```

```
20
21  drawpyramid()                    # 调用 drawpyramid 函数
```

执行结果 >> 如图 2-15 所示。

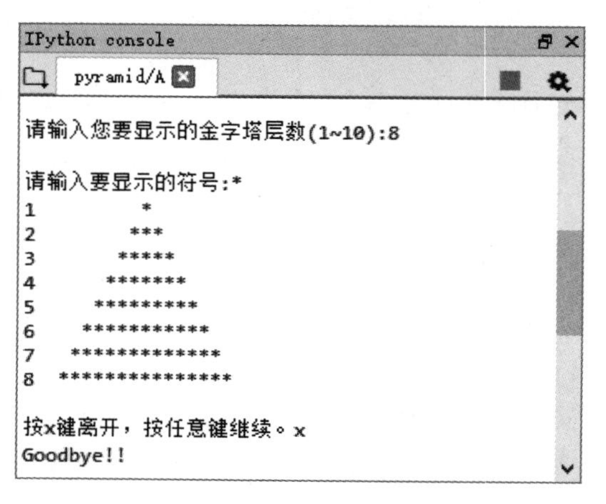

图 2-15

课后习题

实践题

1. 说明下列哪些是有效的变量名称、哪些是无效的变量名称，并说明无效的原因。

fileName01

$result

2_result

number_item

2. 试举例说明 Python 的数值类型有哪些。

3. 设计一个程序，输入姓名与数学成绩，并输出他的成绩。例如，姓名输入“Jenny”，数学成绩输入“80”，输出如下：

Jenny 的数学成绩：80

第3章

表达式与运算符——成绩单统计小帮手

学习大纲

- 表达式与运算符
- 算术运算符
- 赋值运算符
- 比较运算符
- 逻辑运算符
- 运算符的优先级

程序执行默认会以编写的顺序逐条语句来执行，不过我们可以通过一些逻辑语句来改变程序执行的顺序，例如第 2 章所介绍的 if 条件语句就属于逻辑判断语句，常常需要使用条件表达式来辅助，下面我们就来认识 Python 的表达式与运算符。

3.1 算术运算符

Python 提供了多种功能完整的运算符，这些运算符具有优先级，本节将介绍这些运算符的用法。

算术运算符（arithmetic operator）常用于一些四则运算，比如加、减、乘、除、求余数等，都需要操作数（operand）搭配运算符（operator）组合成表达式（expression）。什么是操作数、运算符？我们从下面一个简单的表达式来了解一下：

```
a = b + 5
```

上面的语句包含了 3 个操作数 a、b 与 5，一个赋值运算符“=”以及一个加号运算符“+”。

其他算术运算符，请参考表 3-1。

表 3-1

算术运算符	范例	说明
+	a+b	加法
-	a-b	减法
*	a*b	乘法
**	a**b	乘幂（次方）
/	a/b	除法
//	a//b	整数除法
%	a%b	求余数

“/”与“//”都是除法运算符，“/”会有浮点数；“//”会将除法结果的小数部分去掉，只取整数，“%”是求得除法后的余数。例如：

```
a = 10
b = 3
print(a / b)     # 浮点数 3.3333333333333335
print(a // b)    # 整数 3
print(a % b)     # 余数 1
```

另外，“**”是乘幂运算，例如要计算 2 的 3 次方：

```
print(2 ** 3)    # 结果是 8
```

下面通过范例来看看简单的四则运算的应用。

这个范例程序是让用户输入摄氏（Celsius）温度，并转换为华氏（Fahrenheit）温度。提示，摄氏转华氏温度的转换公式为：F =(9/5)*C+32。

【范例程序：temperature.py】

摄氏温度转换为华氏温度

```
01  # -*- coding: utf-8 -*-
02  """
03  输入摄氏 (Celsius) 温度转换为华氏 (Fahrenheit) 温度
04  提示: F=(9/5)*C+32
05  """
06
07  C = float( input("请输入摄氏温度: "))
08  F = (9 / 5) * C + 32
09  print("摄氏温度 {0} 转换为华氏温度是 {1}".format(C,F))
```

执行结果 >> 如图 3-1 所示。

```
请输入摄氏温度: 38
摄氏温度 38.0 转换为华氏温度是 100.4
```

图 3-1

3.2 赋值运算符

赋值运算符的作用是将数据值赋值给变量，有以下两种赋值方式。

单一赋值

将语句等号（=）右边的值赋值给左边的变量，例如：

```
a = 5
```

复合赋值

在赋值之前先进行运算，例如：

```
a += 5        # 相当于 a = a + 5
a -= 5        # 相当于 a = a - 5
```

表 3-2 中除了“=”运算符以外，其他赋值运算符都是复合赋值运算符。

表 3-2

赋值运算符	范例	说明
=	a = b	将b赋值给a
+=	a += b	相加同时赋值，相当于a = a + b
-=	a -= b	相减同时赋值，相当于a = a – b
*=	a *= b	相乘同时赋值，相当于a = a * b
**=	a **= b	乘幂同时赋值，相当于a = a ** b
/=	a /= b	相除同时赋值，相当于a = a / b
//=	a //= b	整数相除同时赋值，相当于a = a // b
%=	a %= b	求余数同时赋值，相当于 a = a % b

技 巧

在 Python 中单个等号“=”是赋值，两个等号“==”则是用来进行关系比较，不可混用。

赋值运算符在前面的范例中，都有出现过，相信大家并不陌生。

字符串

“+”号可以用来连接两个字符串。

```
a =  "abc" + "def"     #a="abcdef"
```

【范例程序：assign_operator.py】

云盘下载 赋值运算符综合应用

```
01  # -*- coding: utf-8 -*-
02  """
03  赋值运算符练习
04  """
05
06  a = 1
07  b = 2
08  c = 3
09
10  x = a + b * c
11  print("{}".format(x))
12  a += c
13  print("a={0}".format(a,b))   #a=1+3=4
14  a -= b
15  print("a={0}".format(a,b))   #a=4-2=2
16  a *= b
17  print("a={0}".format(a,b))   #a=2*2=4
18  a **= b
19  print("a={0}".format(a,b))   #a=4**2=16
20  a /= b
21  print("a={0}".format(a,b))   #a=16/2=8
22  a //= b
23  print("a={0}".format(a,b))   #a=8//2=4
24  a %= c
25  print("a={0}".format(a,b))   #a=4%3=1
26  s = "Python" + "好好玩"
27  print(s)
```

执行结果 >> 如图 3-2 所示。

```
7
a=4
a=2
a=4
a=16
a=8.0
a=4.0
a=1.0
Python好好玩
```

图 3-2

3.3 比较运算符

比较运算符是用来判断条件表达式左右两边的操作数是否相等、大于或小于，也被称为关系运算符。表 3-3 为常用的比较运算符。

表 3-3

比较运算符	范例	说明
>	a > b	左边的值大于右边的值则成立
<	a < b	左边的值小于右边的值则成立
==	a == b	两者相等则成立
!=	a != b	两者不相等则成立
>=	a >= b	左边的值大于或等于右边的值则成立
<=	a <= b	左边的值小于或等于右边的值则成立

当表达式成立时，就会得到“真”（True），不成立则会得到“假”（False）。

比较运算符也可以串连使用，例如 a<b<=c 相当于 a<b、b<=c。

3.4 逻辑运算符

逻辑运算符包括 and、or、not 等运算符，如表 3-4 所示。

表 3-4

逻辑运算符	说明	范例
and (与)	AND运算（左、右两边都成立时才返回真）	a and b
or (或)	OR运算（只要左、右两边有一边成立就返回真）	a or b
not (非)	真变成假，假变成真	not a

逻辑运算符返回结果是布尔值（bool），布尔值只有真（True）与假（False），所以也被称为布尔运算符。

程序设计的初学者使用真值表（Truth Table）来观察逻辑运算会更清楚。真值表罗列出操作数真（T）和假（F）的全部组合以及逻辑运算结果，只要了解 and、or 及 not 的原理，再加上真值表的辅助，相信大家很快就能熟悉逻辑运算，不需要去死记硬背。

逻辑 and（与）

逻辑 and 必须左右两个操作数都成立，其运算结果才为真，例如下面语句的逻辑运算结果为真：

```
a = 10
b = 20
a < b and a != b  #True
```

逻辑 and 的真值表如表 3-5 所示。

表 3-5

a	b	a and b
T	T	True
T	F	False
F	T	False
F	F	False

逻辑 or（或）

逻辑 or 只要左右两个操作数任何一边成立，其运算结果就为真，例如下面语句的逻辑运算为真：

```
a = 10
b = 20
a < b or a == b  #True
```

左边的式子 a<b 成立，运算结果就为真，不需要再判断右边的表达式了。逻辑 or 的真值表如表 3-6 所示。

表 3-6

a	b	a or b
T	T	True
T	F	True
F	T	True
F	F	False

逻辑 not（非）

逻辑 not 是逻辑否定，用法稍微不一样，只要有 1 个操作数就可以运算，它是放在操作数左边，当操作数为真，not 运算结果为假，而当操作数为假，not 运算结果则为真。下面的语句运算结果为真：

```
a = 10
b = 20
not a<5  #True
```

原本 a<5 不成立，前面加一个 not 就否定了，变成只要 a 不小于 5 都成立，所以运算结果为真，逻辑 not 的真值表如表 3-7 所示。

表 3-7

a	not a
T	False
F	True

以下范例程序输入两次月考成绩及期末考成绩，只要其中一次月考及格（大于等于 60 分），且期末考必须及格，学期成绩才会及格，及格就输出 PASS，否则输出 FAIL。

【范例程序：coursePassOrFail.py】

云盘下载 判断成绩及格 / 不及格

```
01  # -*- coding: utf-8 -*-
02  """
03  输入两次月考成绩及期末考成绩
04  只要其中一次月考及格并且期末考及格
05  学期成绩才会及格，及格输出 PASS，否则输出 FAIL
06  """
07  grade1 = int(input(" 请输入第一次月考成绩："))
08  grade2 = int(input(" 请输入第二次月考成绩："))
09  lastGrade = int(input(" 请输入期末考成绩："))
10
11  if (grade1>=60 or grade2>=60) and lastGrade>=60:
12      print("PASS")
13  else:
14      print("FAIL")
```

执行结果 >> 如图 3-3 所示。

```
请输入第一次月考成绩：90

请输入第二次月考成绩：59

请输入期末考成绩：80
PASS
```

图 3-3

题目要求的及格条件有两个：

（1）“只要其中一次月考及格”所以用逻辑 or 来判断。

（2）“期末考必须及格”所以用逻辑 and 来判断。

当条件表达式使用一个以上的逻辑运算符时，就必须考虑逻辑运算符优先级的问题，逻辑运算符 not 会第一个计算，接下来是逻辑运算符 and，最后才是逻辑运算符 or。

范例程序中使用了两个逻辑运算符 and 和 or，如果直接写成下式，逻辑 and 会先执行，含义变成了第二次月考与期末考必须大于 60 分，得到的执行结果就不正确了。

```
grade1>=60 or grade2>=60 and lastGrade>=60
```

我们可以加上括号，明确要求条件表达式式先执行逻辑 or 判断。例如，范例程序中输入第一次月考 90 分，第二次月考 59 分，期末考成绩 80 分，经过如图 3-4 所示的逻辑判断之后会得到 True，所以就会显示 PASS。

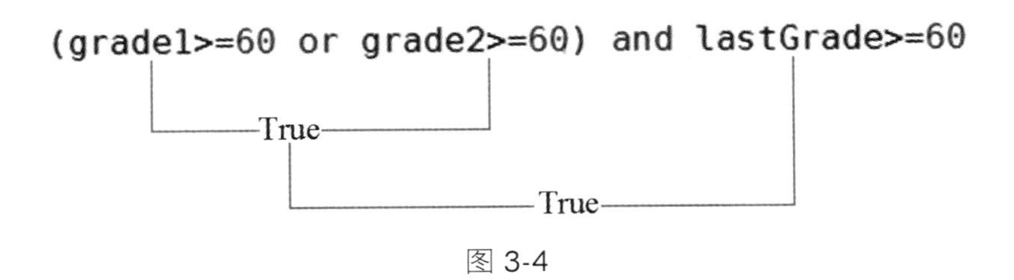

图 3-4

3.5 运算符优先级

当复杂的表达式有多个运算符时，运算符优先级会决定运算或程序执行的顺序，这对执行结果有重大影响，不可不谨慎。

当表达式中有超过一种运算符时，会先执行算术运算符，其次是比较运算符，最后才是逻辑运算符。

比较运算符的优先级都是相同的，会从左到右按序执行，而算术和逻辑运算符则有优先级，下面的表格都是按照优先权从高到低排列的。

算术运算符的优先级（从高到低排列）如表 3-8 所示。

表 3-8

算术运算符	说明
**	乘幂
*,/	乘法和除法
//	整数除法
%	求余数
+,-	加法和减法

技巧

算术运算符的优先级，也就是我们熟知的“先乘除后加减”。

逻辑运算符的优先级（从高到低排列）如表 3-9 所示。

表 3-9

逻辑运算符	说明
not	逻辑非
and	逻辑与
or	逻辑或

运算符种类不少，如果使用时自己不能确定优先级，那么最简单的方式就是使用括号运算符（Quote Operator）。括号运算符拥有最高的优先权，

需要先被执行的运算就加上括号 ()，这样括号 () 内的表达式就会先被执行。例如：

```
x = 100 * (90 - 30 + 45)
```

上面表达式中有四个运算符：=、*、- 和 +，根据运算符优先级的规则，括号内的运算会先执行，优先级为：-、+、*、=。

3.6 上机演练——成绩单统计小帮手

又到了我们动手实践演练的时候了，主题是制作成绩单统计程序。请输入 10 个学生的姓名及数学、英语和语文三科的成绩，计算总分、平均分并根据平均分来判断属于甲、乙、丙、丁哪一个等级。

3.6.1 程序范例描述

这些学生的成绩不使用 input() 函数一个个地输入，太费时，可以使用事先建立的 scores.csv 文件，文件里包含 10 个学生的姓名、数学、英语及语文三科的成绩，本章节后面将会介绍如何读取 CSV 文件。

此次演练的题目要求如下：

（1）读入 CSV 文件：scores.csv。

（2）计算总分、平均分以及等级（甲、乙、丙、丁）。

甲：平均 80~100 分　　乙：平均 60~79 分

丙：平均 50~59 分　　丁：平均 50 分以

（3）输出学生姓名、总分、平均分（保留到小数点后 1 位）和等级。

➢ **输入说明**

读入 scores.csv 文件。

➢ 范例程序的输出（参考图 3-5）

	姓名	总分	平均分	等级
1	王小华	242	80.7	甲
2	陈小凌	179	59.7	丙
3	周小杰	136	45.3	丁
4	胡小宇	265	88.3	甲
5	蔡小琳	229	76.3	乙
6	方小花	285	95.0	甲
7	林小杰	232	77.3	乙
8	黄小伟	160	53.3	丙
9	陈小西	181	60.3	乙
10	胡小凌	291	97.0	甲

图 3-5

➢ 流程图（参考图 3-6）

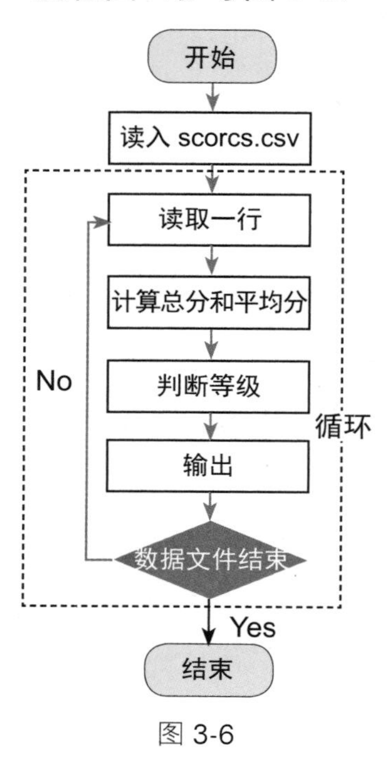

图 3-6

3.6.2 读取 CSV 文件

CSV 文件是常见的开放数据格式，不同的应用程序如果想要交换数据，必须借助通用的数据格式，CSV 格式就是其中的一种通用的数据格式，全名为 Comma-Separated Values，字段之间以逗号（“,”）分隔，与 txt 文件一样都是纯文本文件，可以用记事本等文本编辑器来编辑。

CSV 格式常用在电子表格以及数据库，比如 Excel 文件可以将数据导出成 CSV 格式，也可以导入 CSV 文件进行编辑。

网络上许多开放数据（Open Data）通常也会给用户提供直接下载的 CSV 格式数据，当大家学会了 CSV 文件的处理之后，就可以将这些数据用于更多的分析和应用了。

本范例程序使用的 scores.csv 文件内容如图 3-7 所示。

```
姓名,数学,英语,语文
王小华,90,80,72
陈小凌,60,80,39
周小杰,40,49,47
胡小宇,80,90,95
蔡小琳,65,88,76
方小花,87,100,98
林小杰,95,50,87
黄小伟,56,45,59
陈小西,62,54,65
胡小凌,99,97,95
```

图 3-7

Python 内建 csv 模块（module），能够非常轻松地处理 CSV 文件。csv 模块是标准库模块，使用前必须先用 import 指令导入。现在就来看看 csv 模块的用法。

csv 模块用法

csv 模块既可以读取 CSV 文件也可以写入 CSV 文件，存取之前必须先打开 CSV 文件，再使用 csv.reader 方法读取 CSV 文件里的内容，如下所示：

```
import csv   # 载入 csv.py

with open("scores.csv", encoding="utf-8") as csvfile:
# 打开文件指定为 csvfile
    reader = csv.reader(csvfile)     # 返回 reader 对象
for row in reader:                  #for 循环逐行读取数据
        print(row)
```

上面程序执行的结果如图 3-8 所示。

```
['姓名', '数学', '英语', '语文']
['王小华', '90', '80', '72']
['陈小凌', '60', '80', '39']
['周小杰', '40', '49', '47']
['胡小宇', '80', '90', '95']
['蔡小琳', '65', '88', '76']
['方小花', '87', '100', '98']
['林小杰', '95', '50', '87']
['黄小伟', '56', '45', '59']
['陈小西', '62', '54', '65']
['胡小凌', '99', '97', '95']
```

图 3-8

技巧

如果 CSV 文件与 .py 文件放在不同的文件夹中，则必须加上文件路径。

open() 指令会将 CSV 文件打开并返回文件对象，范例程序中将文件对象赋值给 csvfile 变量，默认文件使用 Unicode 编码，如果文件使用不同的编码，必须使用 encoding 参数设定编码。

范例程序所使用的 CSV 文件是无 BOM 的 utf-8 格式，所以 encoding="utf-8"。

csv.reader() 函数会读取 CSV 文件转成 reader 对象再返回给调用者，reader 对象是可以迭代（iterator）处理的字符串（String）列表（List）对象，上面程序中使用 reader 变量来接收 reader 对象，再通过 for 循环逐行读取数据：

```
reader = csv.reader(csvfile)     # 返回 reader 对象
for row in reader:   #for 循环逐行读取数据并放入 row 变量
```

列表对象是 Python 的容器数据类型（Container type），它是一串由逗号分隔的值，用中括号 [] 括起来，如下所示：

```
['方小花', '87', '100', '98']
```

上面的列表对象共有 4 个元素，使用中括号 [] 搭配元素的索引（index）就能存取每一个元素，索引从 0 开始，从左到右分别是 row[0]、row[1]……以此类推，例如要获取第 4 个元素的值，可以如下表示：

```
name = row[3]
```

学习小教室 使用 with 语句打开文件

在读取或写入文件之前，必须先使用 open() 函数将文件打开；当读取或写入完成时，必须使用 close() 函数将文件关闭，以确保数据已被正确读出或写入文件。如果在调用 close() 方法之前发生异常，那么 close() 方法将不会被调用，举例来说：

```
f = open("scores.csv")     # 打开文件
csvfile = f.read()         # 读取文件内容
1 / 0                             #error
f.close()                         # 关闭文件
```

第 3 行程序犯了分母为 0 的错误，执行到此，程序就会停止执行，所以 close() 不会被调用，这样就可能会有文件损坏或数据遗失的风险。

有两个方式可以避免这样的问题：一是加上 try…except 语句捕获错误，另外一个方法是使用 with 语句。

Python 的 with 语句配有特殊的方法，文件被打开之后如果程序发生异常就会自动调用 close() 方法，如此一来，就能确保已打开的文件会被正确安全地关闭。

3.6.3 程序代码说明

这个范例程序使用的 scores.csv 文件包含了 10 位学生的姓名及数学、英语和语文三科的成绩，我们需要将三科成绩加总、计算平均分，再以平均分数来评比等级。

scores.csv 文件第一行是标题，必须先略过不处理，所以我们使用一个变量 x 来记录当前读取的行数，x 初始值为 0，x 必须大于 0，if 条件判断表达式才会为真，如下所示：

```
with open("scores.csv",encoding="utf-8") as csvfile:
    x = 0           # 把 x 初始值设置为 0
    for row in csv.reader(csvfile):
    if x > 0:       # 当 x>0, if 条件判断表达式为真
        ...
    x += 1          # 相当于 x=x+1
```

编写 Python 程序的时候不同区块记得缩排，上面语句共有三个区块，with…as 区块、for 循环区块、if 区块，x=0 的声明必须放在 for 循环外面，x+=1 语句放在 for 循环内，这样每一次循环 x 才会累加，如图 3-9 所示。

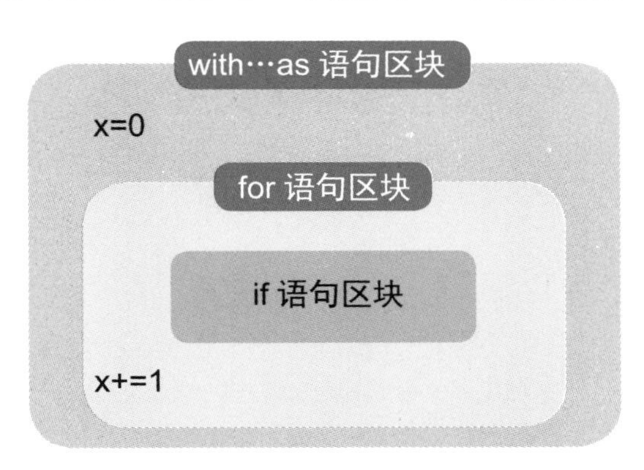

图 3-9

进入 if 区块之后就要将三科成绩加总，由于 csv.reader 函数读入的都是字符串（String）格式，因此计算前必须先转换成 int 格式，再将加总结果赋值给变量 scoreTotal：

```
scoreTotal = int(row[1]) + int(row[2]) + int(row[3])
```

接着计算平均值，题目要求平均值保留到小数点后 1 位：

```
average = round(scoreTotal / 3, 1)
```

使用平均分来评定等级，4 个等级的分数区间如下：

甲：平均 80~100 分

乙：平均 60~79 分

丙：平均 50~59 分

丁：平均 50 分以

平均 80~100 分就评定为“甲”等，80 分也在这一区间，因此必须用“>=”（大于等于）关系运算符，如果只用 average > 80 来判断，80 分就不会落在这一区间。

平均 60~79 分就评定为“乙”等，这个判断需要两个条件，average > = 60 以及 average < 80，而且两个条件必须都符合，所以必须用 and（与）来判断：

```
average > = 60 and average < 80
```

由于这两个条件是一个数值区间，因此可以写成下面的表达式，表示 average 的值必须在 60~79 以内。

```
60 <= average < 80
```

完整 if...else 语句如下：

```
if average >= 80 :
    grade = "甲"
elif 60 <= average < 80:
    grade = "乙"
elif 50 <= average < 60:
    grade = "丙"
else:
    grade = "丁"
```

最后只要将总分（scoreTotal）、平均分（average）以及等级（grade），用 print 语句输出就完成了。

执行结果 >> 如图 3-10 所示。

	姓名	总分	平均分	等级
1	王小华	242	80.7	甲
2	陈小凌	179	59.7	丙
3	周小杰	136	45.3	丁
4	胡小宇	265	88.3	甲
5	蔡小琳	229	76.3	乙
6	方小花	285	95.0	甲
7	林小杰	232	77.3	乙
8	黄小伟	160	53.3	丙
9	陈小西	181	60.3	乙
10	胡小凌	291	97.0	甲

图 3-10

以下是完整的程序代码。

【范例程序：Review_scores.py】

成绩单统计小帮手

```
01  # -*- coding: utf-8 -*-
02  """
03  程序名称：成绩单统计小帮手
04  题目要求：
05  读入 CSV 文件
06  列出总和、平均分以及等级（甲、乙、丙、丁）
07  甲：平均 80~100 分
08  乙：平均 60~79 分
09  丙：平均 50~59 分
10  丁：平均 50 分以
11  """
12  import csv
13
14  print("{0:<3}{1:<5}{2:<4}{3:<5}{4:<5}".format("", "姓名",
    "总分", "平均分", "等级"))
15  with open("scores.csv",encoding="utf-8") as csvfile:
16      x = 0
17      for row in csv.reader(csvfile):
18
19          if x > 0:
20              scoreTotal = int(row[1]) + int(row[2]) + int(row[3])
21              average = round(scoreTotal / 3, 1)
22
23              if average >= 80 :
24                  grade = "甲"
```

```
25                  elif 60 <= average < 80:
26                      grade = "乙"
27                  elif 50 <= average < 60:
28                      grade = "丙"
29                  else:
30                      grade = "丁"
31
32                  print("{0:<3}{1:<5}{2:<5}{3:<6}   {4:<5}".
                    format(x, row[0], scoreTotal, average, grade))
33
34          x += 1
```

课后习题

实践题

1. 执行下列程序代码得到的 result 值是多少？

```
n1 = 80
n2 = 9
result = n1 % n2
```

2. 执行下列程序代码得到的 result 值是多少？

```
n1 = 4
n2 = 2
result = n1 ** n2
```

3. 开心蛋糕店出售的商品价格为：一个蛋糕 60 元、一盒饼干 80 元、一杯咖啡 55 元，试着编写一个程序让用户可以输入订购数量，并计算出订购的总金额。例如：

```
请输入购买的蛋糕数量：2
请输入购买的饼干数量：5
请输入购买的咖啡数量：3
购买总金额为： 685
```

【提示】将蛋糕、饼干以及咖啡金额放在列表（List）中，用户输入的数量分别存放在三个变量中，每件商品分别乘以对应的价格，最后计算总金额。

第 4 章

流程控制——简易计算器（GUI 界面）

学习大纲

- if 条件分支语句
- if 多重条件分支语句
- while 循环
- for 循环
- 嵌套循环
- continue 语句
- break 语句

想要编写出好的程序，程序执行的流程相当重要，程序设计语言的流程控制分为条件分支流程控制与循环流程控制两种，条件分支流程控制代表程序会按指定的条件来决定程序的走向。Python 条件分支流程控制是 if 语句；循环流程控制则是符合条件时重复执行一段程序语句，Python 有 for 循环与 while 循环。下面我们就先来认识这些流程控制结构。

4.1 条件分支流程控制

条件分支流程控制是符合条件时执行某段程序语句，不符合时执行另一段程序语句，主要指令是 if 条件式。

4.1.1 if 条件分支语句

if...else 条件分支语句的作用是判断条件表达式是否成立，当条件成立（True）就执行 if 区块的语句；条件不成立（False，或用 0 表示）则执行 else 区块中的语句；如果有多重条件判断，可以加上 elif 语句。

if 条件分支的语法如下：

if 条件判断表达式：

```
    # 如果条件成立，就执行这里面的语句
else:
    # 如果条件不成立，就执行这里面的语句
```

例如，要判断 a 变量的内容是否大于等于 b 变量，条件式就可以这样写：

```
if a >= b:
    # 如果 a 大于等于 b，就执行这里面的语句
else:
    # 如果 a 不大于或不等于 b，就执行这里面的语句
```

If...else 条件分支语句流程图如图 4-1 所示。

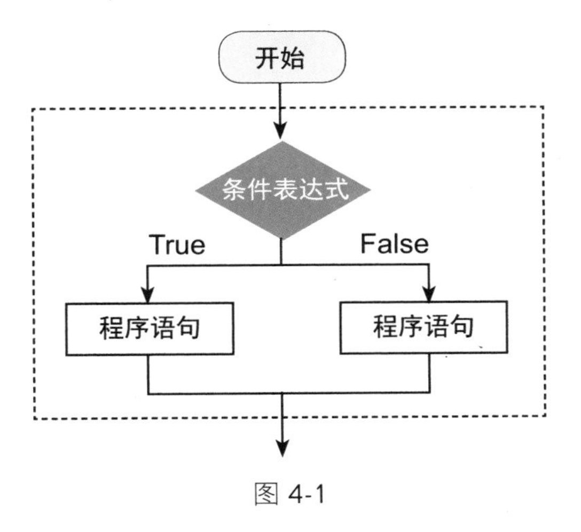

图 4-1

如果条件不成立时，则不执行任何语句，可以省略 else 语句部分，如下所示。

```
if 条件判断表达式:
    # 如果条件成立，就执行这里面的语句
```

如果条件判断表达式使用 and 或 or 连接，建议加上括号以区分执行顺序，这样可增加程序可读性。例如：

```
if (a==b) and (a>b):
# 如果 a 等于 b 而且 a 大于 b，就执行这里面的语句
else:
# 如果 a 不等于 b 而且 a 小于 b，就执行这里面的语句
```

另外，Python 提供了一种更简洁的 if...else 条件表达式（Conditional Expressions），格式如下：

```
X if C else Y
```

根据条件表达式返回 if 或 else 中的两个表达式之一，上面的语句当 C 为真时返回 X，否则返回 Y。例如，判断整数 X 是奇数或偶数，原本程序可以这样编写：

```
if (x % 2)==0:
    y=" 偶数 "
```

```
else:
    y="奇数"
print('{0}'.format(y))
```

改成简洁的 if...else 表达式，则只要简单的一行程序语句就能达到同样的目的，如下行：

```
print('{0}'.format("偶数" if (X % 2)==0 else "奇数"))
```

当 if 条件表达式为真就返回“偶数”，否则就返回“奇数”。

下面通过实际范例程序来练习 if...else 语句的用法。范例题目是制作一个简易的闰年判断程序。让用户输入公元年份（4 位数的整数 year），判断该年是否为闰年。

满足下列两个条件之一即是闰年：

（1）逢 4 年闰（可以被 4 整除）但逢 100 年不闰（不能被 100 整除）。

（2）逢 400 年闰（可以被 400 整除）。

【范例程序：leapYear.py】

闰年判断

```
01  # -*- coding: utf-8 -*-
02  """
03  程序名称：闰年判断程序
04  题目要求：
05  输入公元年份（4 位数的整数 year）判断是否为闰年
06  条件 1. 逢 4 闰（可以被 4 整除）而且逢 100 不闰（不能被 100 整除）
07  条件 2. 逢 400 闰（可以被 400 整除）
08  满足两个条件之一即是闰年
09  """
10  year = int(input("请输入公元年份："))
11
12  if (year % 4 == 0 and year % 100 != 0) or (year % 400 == 0):
13          print("{0}是闰年".format(year))
14  else :
```

```
15          print("{0}是平年".format(year))
```

如图 4-2 所示。

```
请输入公元年份：2000
2000是闰年
```

图 4-2

试着查询下列公元年份是否为闰年：

```
1900（平年）、1996（闰年）、2004（闰年）、2017（平年）、2400（闰年）
```

4.1.2 if 多重条件分支语句

如果条件判断表达式不只一个，就可以再加上 elif 条件判断表达式，elif 就像是“else if”的缩写，格式如下：

```
if 条件判断表达式1:
    # 如果条件判断表达式1成立，就执行这里面的语句
elif 条件判断表达式2:
    # 如果条件判断表达式2成立，就执行这里面的语句
else:
    # 如果上面条件都不成立，就执行这里面的语句
```

例如：

```
if a==b:
    # 如果a等于b，就执行这里面的语句
elif a>b:
# 如果a大于b，就执行这里面的语句
else:
# 如果a不等于b而且a小于b，就执行这里面的语句
```

下面通过实际的范例程序来练习 if 多重条件分支语句的用法。范例题目是检测当前时间决定问候语。

【范例程序：currentTime.py】

云盘下载 检测当前时间决定问候语

```
01  # -*- coding: utf-8 -*-
02  """
03  程序名称：检测当前时间决定问候语
04  题目要求：
05  按目前时间判断（24 小时制）
06  5 点 ~10:59，输出 " 早安 "
07  11 点 ~17:59，输出 " 午安 "
08  18~ 凌晨 4:59，输出 " 晚安 "
09  """
10
11  import time
12
13  print (" 现在时间 :{}".format( time.strftime("%H:%M:%S")))
14  h = int( time.strftime("%H") )
15
16  if h>5 and h < 11:
17      print (" 早安 !")
18  elif h >= 11 and h<18:
19      print (" 午安 !")
20  else:
21      print (" 晚安 !")
```

执行结果 >> 如图 4-3 所示。

```
现在时间:Tuesday, Jan 16 20:52:45
晚安!
```

图 4-3

范例程序中获取当前时间来判断早上、下午或晚上，以便显示适当的问候语。Python 的 time 模块提供了各种与时间有关的功能，time 模块是 Python 标准库的模块，使用前要先执行 import，再使用 strftime 函数将时间格式转化为我们想要的格式，例如下式是获取当前的时间。

```
import time
time.strftime("%H:%M:%S")      # 16:29:26 (24小时制 下午4:29:26)
time.strftime("%I:%M:%S")      # 04:29:26 (12小时制 下午4:29:26)
```

上面语句括号内是要设定的格式参数，常用的参数如表 4-1 所示。

表 4-1

格式参数	说明
%a	星期缩写，例如Mon
%A	完整的星期名称，例如Monday
%b	月份缩写，例如Apr
%B	完整的月份名称，例如April
%c	日期与时间，例如Mon Apr 01 16:43:52 2017
%d	月的第几天，值为01~31
%U	年的第几周，值为00~53
%w	周的第几天，值为0~6（星期天为0）
%Y	公元年份，例如2017
%y	公元年份数字的末两位数，例如17
%m	月份，值为01~12
%H	小时，24小时制，值为00~23
%I	小时，12小时制，值为01~12
%M	分钟，值为00~59
%S	秒数，值为00-61（秒的范围允许闰秒）
%p	AM或PM

注意格式符号的大小写。下式会显示星期、月、日以及时、分、秒。

```
time.strftime("%A, %b %d %H:%M:%S")
```

执行结果 >>

```
Monday, Apr 01 17:16:02
```

4.2 循环流程控制

当某一段程序需要重复执行的时候就很适合使用循环语句来编写，例如要计算 1+2+3+…+100 的和，原本是很烦琐又重复的运算，用循环语句就能轻松完成。Python 有 while 循环和 for 循环，下面来看它们的用法。

4.2.1 while 循环

while 循环需要使用条件表达式来判断循环是继续还是终止，当条件表达式的结果为真时，就会执行循环体里面的语句，当条件表达式的结果为假时，循环就会结束，格式如下：

```
while 条件表达式:
    # 如果条件表达式成立，就执行这里面的语句
```

流程图如图 4-4 所示。

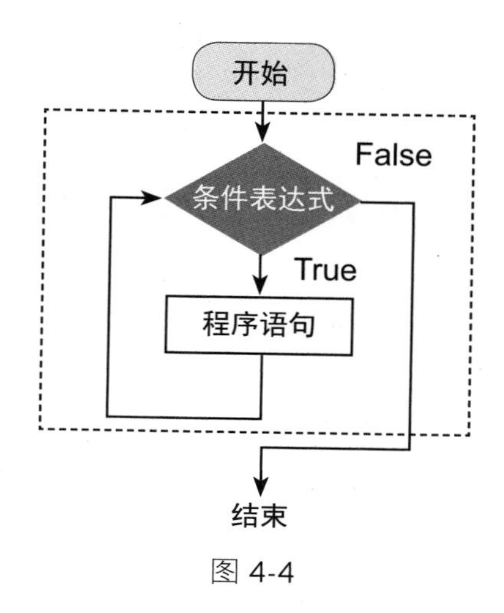

图 4-4

循环结构通常需要具备三个重要条件：

（1）循环变量的初始值。

（2）循环条件表达式。

（3）调整循环变量的增减值。

例如下面的程序：

```
i = 1              # 变量初始值
while i < 3:      # 循环条件表达式
    print( i )
    i += 1         # 调整循环变量的增减值
```

当 i 小于 3 时会执行 while 循环体内的语句，所以 i 会加 1，直到 i 等于 3，这时条件表达式的结果为 false，循环就结束了。

编写循环语句时必须检查结束循环的条件是否存在，如果条件不存在（即没有可以终止循环的条件），则会让循环语句一直循环执行而无法停止，导致“无限循环”，或称为“死循环”。

4.2.2 for 循环

Python 的 for 循环可以遍历任何有序序列——即逐个访问每一个有序序列的元素。有序序列有元组（tuple）、列表（list）、字符串（String），用 for 语句按照有序序列的元素顺序依次取出这些元素来执行循环体，语法如下:

```
for 元素变量 in 有序序列:
# 执行的语句
```

有序序列可以是元组（tuple）、列表（list）或字符串（String），例如下列的 x 变量值都可以用于 for 循环的有序序列，通过依次遍历其中的每个元素来决定循环的次数:

```
x = "abcdefghijklmnopqrstuvwxyz"
x = ['Sunday', 'Monday', 'Tuesday', 'Wednesday', 'Thursday',
    'Friday', 'Saturday']
x = [1, 2, 3, 4, 5, 6, 7, 8, 9, 10]
```

例如，下面是一个元组 1~5，使用 for 循环将它们打印出来:

```
x = [1, 2, 3, 4, 5]
for i in x:
    print (i)
```

执行结果 >>

```
1
2
3
4
5
```

元组更有效率的写法，可以直接使用 range() 函数。range() 函数格式如下:

```
range([ 起始值 ], 终止值 [, 增减值 ])
```

数字元组由“起始值”开始到“终止值”的前一个数字为止——即“终止值”减一。如果没有指定起始值则默认起始值为0；如果没有指定循环的增减值，则默认为每次循环递增1。

例如：

```
for i in range(2, 11, 2):
    print(i)
```

执行结果 >>

```
2
4
6
8
10
```

执行for循环时，如果想要知道元素的索引值，可以使用Python内建的enumerate函数。语法如下：

```
for 索引值 , 元素变量 in enumerate( 有序序列 ):
```

例如：(enumerate.py)

```
names = ["Eileen", "Jennifer", "Brian"]
for index, x in enumerate(names):
    print ("{0}--{1}".format(index, x))
```

执行结果 >>

```
0--Eileen
1--Jennifer
2--Brian
```

嵌套循环

for循环里面还可以再加入另一个for循环，称为嵌套循环，例如九九乘法表，就可以使用两个for循环轻松完成。

我们就通过下面的范例程序来看看如何使用两个for循环制作九九表。

【范例程序：99Table.py】

云盘下载 九九乘法表

```
01  # -*- coding: utf-8 -*-
02  """
03  程序名称：九九乘法表
04  """
05
06  for x in range(1, 10):
07      for y in range(1, 10):
08          print("{0}*{1}={2: ^2}".format(y, x, x * y),
            end=" ")
09      print()
```

执行结果 >> 如图 4-5 所示。

```
1*1=1  2*1=2  3*1=3  4*1=4  5*1=5  6*1=6  7*1=7  8*1=8  9*1=9
1*2=2  2*2=4  3*2=6  4*2=8  5*2=10 6*2=12 7*2=14 8*2=16 9*2=18
1*3=3  2*3=6  3*3=9  4*3=12 5*3=15 6*3=18 7*3=21 8*3=24 9*3=27
1*4=4  2*4=8  3*4=12 4*4=16 5*4=20 6*4=24 7*4=28 8*4=32 9*4=36
1*5=5  2*5=10 3*5=15 4*5=20 5*5=25 6*5=30 7*5=35 8*5=40 9*5=45
1*6=6  2*6=12 3*6=18 4*6=24 5*6=30 6*6=36 7*6=42 8*6=48 9*6=54
1*7=7  2*7=14 3*7=21 4*7=28 5*7=35 6*7=42 7*7=49 8*7=56 9*7=63
1*8=8  2*8=16 3*8=24 4*8=32 5*8=40 6*8=48 7*8=56 8*8=64 9*8=72
1*9=9  2*9=18 3*9=27 4*9=36 5*9=45 6*9=54 7*9=63 8*9=72 9*9=81
```

图 4-5

九九乘法表是使用嵌套循环非常经典的范例，如果大家学过其他程序设计语言，相信会对于 Python 语句的简洁感到惊叹！

从这个范例程序中，我们可以清楚地了解嵌套循环的运行方式，下面称外层 for 循环为 x 循环，内层 for 循环为 y 循环，如图 4-6 所示。

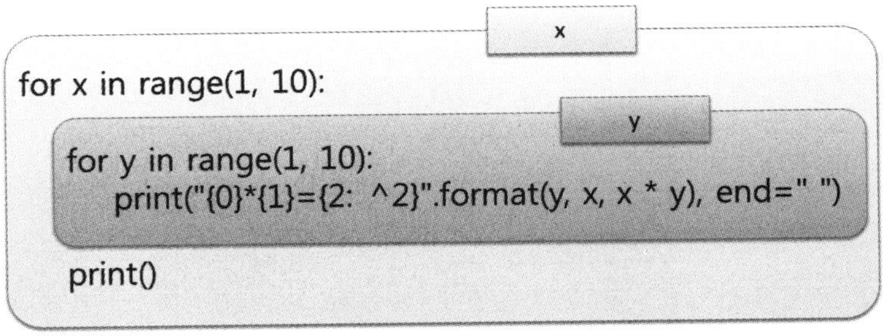

图 4-6

当进入 x 循环时 x=1，等到 y 循环从 1 到 9 执行完成之后，才会再回到 x 循环继续执行，y 循环内的 print 指令不换行，y 循环执行完成离开 y 循环之后，才执行 print() 换行，执行完成就会得到第一行的九九乘法表，如下所示。

```
1*1=1   2*1=2   3*1=3   4*1=4   5*1=5   6*1=6   7*1=7   8*1=8   9*1=9
```

当 x 循环都执行完毕，九九乘法表就完成了。

4.2.3 continue 和 break 语句

循环可以使用 continue 和 break 语句来中断循环的执行，下面来看看两者的用法。

break 语句

break 语句会强迫程序的执行离开循环，通常会搭配 if 语句判断离开循环的条件或时机，例如：

```
for x in range(1, 10):
    if x == 5:
        break
    print( x, end=" ")
```

执行结果 >>

```
1 2 3 4
```

当 x 等于 5 的时候执行 break 离开 for 循环，for 循环就不会继续往下执行了，可参考图 4-7 所示的示意图。

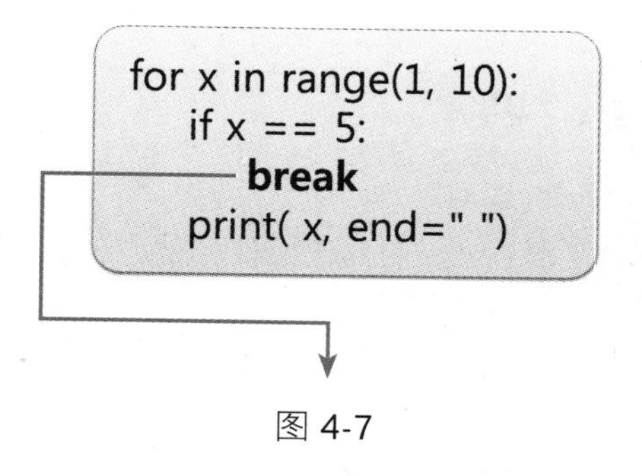

图 4-7

continue 语句

continue 的作用与 break 都是停止循环的执行，不同的是 break 会结束当前循环区块的执行，而 continue 语句只会跳过当前这一轮循环时循环区块中剩下程序语句的执行，但并不会离开循环区块，而是开始下一轮循环，例如：

```
for x in range(1, 10):
    if x == 5:
        continue
    print( x, end=" ")
```

执行结果 >>

```
1 2 3 4 6 7 8 9
```

当 x 等于 5 的时候执行 continue 语句，程序不会继续往下执行，所以 5 没有被打印出来，for 循环仍继续运行，可参考图 4-8 所示的示意图。

```
for x in range(1, 10):
    if x == 5:
        continue
    print( x, end=" ")
```

图 4-8

4.3 上机演练——简易计算器（GUI）

本节将通过制作一个实用又有趣的计算器范例来复习前面所介绍的内容。此范例将使用 GUI 来呈现计算器界面。

4.3.1 程序范例描述

本范例要实现的是一个简易计算器，具有加减乘除的功能。特别的是这个范例将使用 GUI 来显示计算器界面，所以下面我们还将会介绍 Python GUI 开发模块 tkinter。

➢ 输入说明

（1）使用 GUI 界面，需有 0~9 和“.”（小圆点）键、加减乘除（+-*/）键、Cls 键（清除）以及等于“=”键。

（2）必须有输入区和输出区，输入区可用鼠标输入，也可用键盘输入。

（3）容许错误输入，输出错误信息“Infinity”（例如输入“10/0”，就输出“Infinity”）。

➢ 范例程序的输出（参见图 4-9）

输出计算结果的画面：

错误输入时显示出错误信息 Infinity：

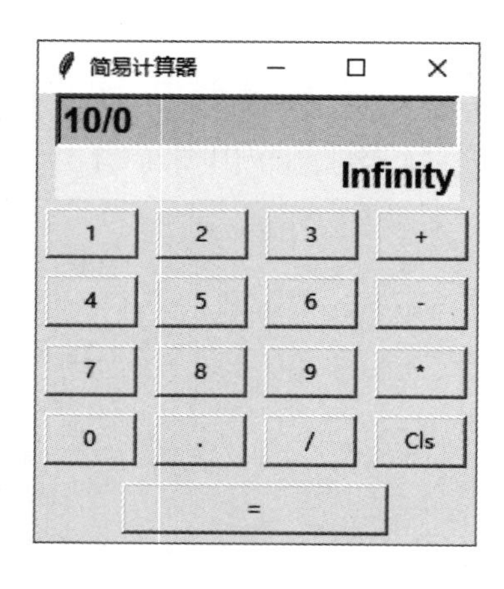

图 4-9

➢ 制作步骤

此范例大致分为下列四个步骤，在“程序代码说明”部分将逐一说明。

（1）创建主窗口。

（2）版面配置（创建 Frame）。

（3）创建 Label、Entry 与 Button 组件。

（4）加入事件处理函数。

4.3.2 GUI 开发模块 tkinter

Graphical User Interface（图形用户界面， GUI）是指使用图形方式显示用户操作界面，图形界面与前面所使用的命令行界面相比，不管是在操作上还是在视觉上都更容易被用户接受。

Python 也提供了 tkinter 内建的标准模块，能让我们构建 GUI 界面，下面先来看看它的用法。

导入 tkinter 模块

与前面所介绍的模块一样，使用前必须先导入模块。

```
import tkinter
```

tkinter 字数较多而且不容易记忆，我们也可以替它取个别名，使用时就更为方便，如下所示。

```
import tkinter as tk
```

之后，使用 tkinter 提供的函数时只要使用别名调用就可以了，格式如下：

```
tk.函数名称 ()
```

创建主窗口

GUI 界面的最外层是一个窗口对象，用来容纳窗口组件，比如标签、按钮等，语法如下：

```
主窗口名称 = tk.Tk()
```

例如窗口名称为 win：

```
win = tk.Tk()
```

主窗口常用的方法如表 4-2 所示。

表 4-2

方法	说明	实例
geometry("宽x高")	设置主窗口的尺寸（"x"是小写字母x）	win.geometry("300x100")
title()	设置主窗口标题	win.title("窗口标题")

窗口的尺寸并不是必须输入的，如果没有设置，那么默认会以窗口内部的组件来决定宽高。如果没有设置窗口标题，就默认为"tk"。

主窗口设置完成之后，必须在程序最后使用 mainloop() 方法让程序进入循环以侦听模式来检测用户触发的"事件（Event）"，直到关闭窗口为止。

```
win.mainloop()
```

技 巧

所谓"事件（Event）"，是由用户的操作或系统所触发的信号。举例来说，当用户单击时会触发 click 事件，因此就可以调用指定的事件处理函数来响应这一事件。

创建窗口的完整程序如下（tk_main.py）：

```
import tkinter as tk
win = tk.Tk()
win.geometry("300x100")
win.title(" 窗口标题 ")
win.mainloop()
```

我们打开 tk_main.py 文件并执行看看，就能看到如图 4-10 所示的窗口，窗口右上角有标准窗口的缩小、放大以及关闭按钮，还能够拖曳窗口的边框来调整窗口的大小。

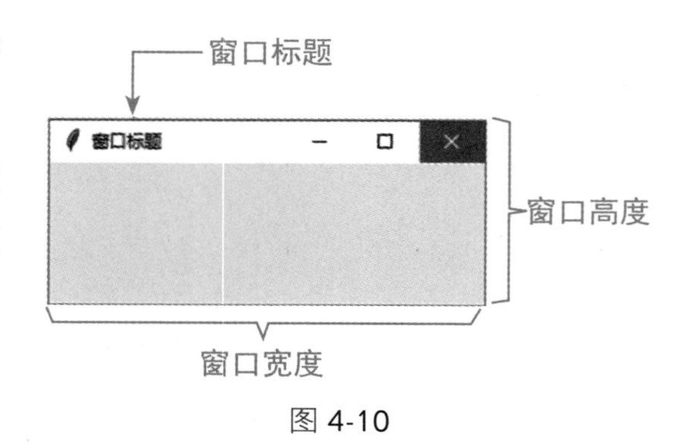

图 4-10

布局（Layout）方式

上面创建的是空窗口，窗口还必须放入与用户互动的组件，这些组件不能随意乱放，必须按照 tkinter 的布局方式摆放。tkinter 提供了 3 种布局方法：pack、grid 以及 place。

➢ pack 方法

pack 默认以自上而下的方式摆放组件，pack 方法常用的参数如表 4-3 所示。

表 4-3

参数	说明
padx	设置水平间距
pady	设置垂直间距
side	设置位置，设置值有left、right、top、bottom
expand	左右两端对齐，参数值为0和1：0表示不要分散；1表示平均分配
fill	是否填满宽度(x)或高度(y)，参数值有x、y、both、none

位置和长宽的单位都是像素（pixel），例如下面将 3 个按钮使用 pack 方法加入窗口中（范例程序为 pack.py）：

```
btn1=tk.Button(win, width=25, text="这是按钮 1")
btn1.pack()
btn2=tk.Button(win, width=25, text="这是按钮 2")
btn2.pack()
btn3=tk.Button(win, width=25, text="这是按钮 3")
btn3.pack()
```

版面布局结果如图 4-11 所示。

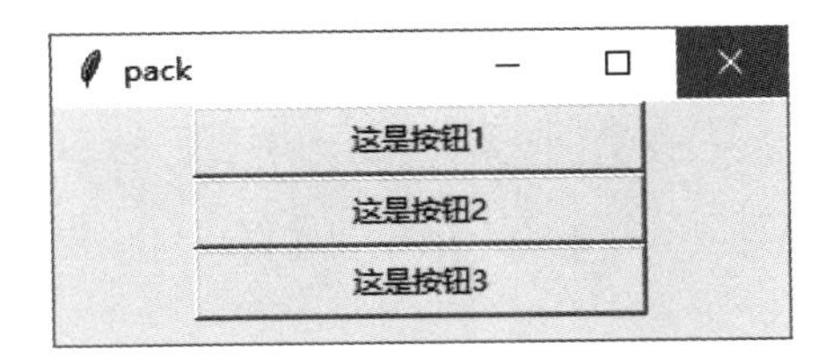

图 4-11

➢ grid 方法

grid 是以表格方式摆放组件，常用的参数如表 4-4 所示。

表 4-4

参数	说明
column	设置放在哪一行
columnspan	左右列合并的数量
row	设置放在哪一列
rowspan	上下行合并数量
padx	设置水平间距
pady	设置垂直间距
sticky	设置组件排列方式，参数值有4种：n、s、e、w，即靠上、靠下、靠右、靠左

例如，下面将 4 个按钮使用 grid 方法加入窗口（范例程序为 grid.py）：

```
btn1=tk.Button(win, width=20, text=" 这是按钮 1")
btn1.grid(column=0,row=0)
btn2=tk.Button(win, width=20, text=" 这是按钮 2")
btn2.grid(column=0,row=1)
btn3=tk.Button(win, width=20, text=" 这是按钮 3")
btn3.grid(column=1,row=0)
```

执行结果如图 4-12 所示。

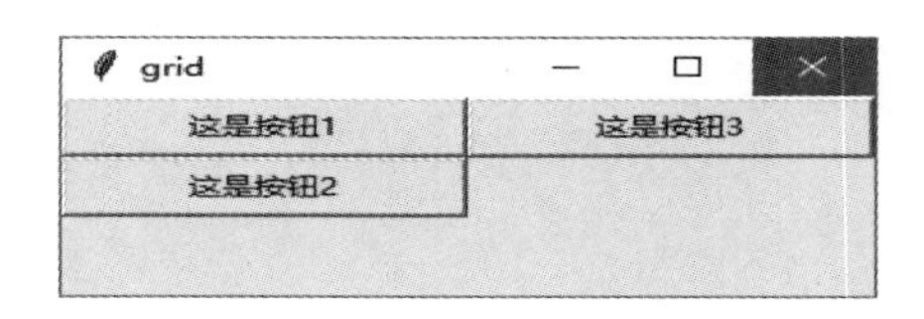

图 4-12

使用 grid 布局时很容易被行与列混淆，想象一下版面被切成行列表格，单元格内的数字分别代表 (row, column)，就像下面的表格，这样就能轻易填入 row 与 column 的数值：

	column：0	column：1	column：2
Row：0	0,0	1,0	2,0
Row：1	0,1	1,1	2,1
Row：2	0,2	1,2	2,2

➢ place 方法

place 方法是通过组件在窗口中的绝对位置与相对位置来指定其位置。相对位置的方法是将整个窗口宽度视为“1”，窗口中间位置 relx 就是 0.5，高度也是一样，以此类推，常用参数如表 4-5 所示。

表 4-5

参数	说明
x	水平绝对位置
y	垂直绝对位置
relx	相对水平位置，值为0~1
rely	相对垂直位置，值为0~1
anchor	定位基准点，参数值有下列9种： Center：正中心。 n、s、e、w：上方中间、下方中间、右方中间、左方中间。 ne、nw、se、sw：右上角、左上角、右下角、左下角。

例如，下面将 3 个按钮使用 place 方法加入窗口（范例程序为 place.py）：

```
btn1=tk.Button(win, width=20, text="这是按钮 1")
btn1.place(x=0, y=0)
btn2=tk.Button(win, width=20, text="这是按钮 2")
btn2.place(relx=0.5, rely=0.5, anchor="center")
btn3=tk.Button(win, width=20, text="这是按钮 3")
btn3.place(relx=0.5, rely=0.7)
```

版面布局的结果如图 4-13 所示。

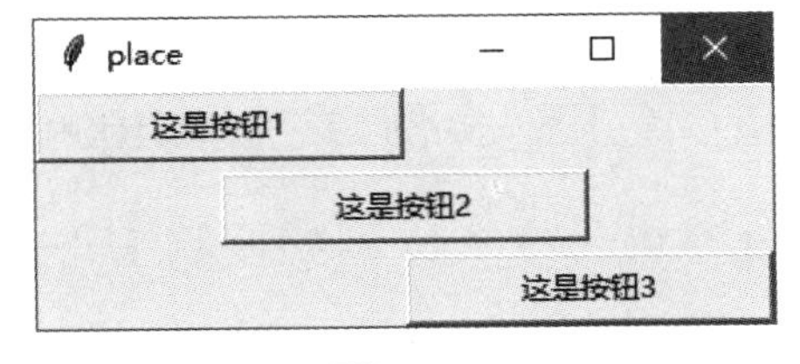

图 4-13

其中，按钮 2 与按钮 3 使用相对位置定位，因此当窗口缩放时，组件位置仍会在相对比例的位置上。

了解布局方式之后，下面接着来介绍常用的组件（widget）。

标签（Label）组件

Label 组件的功能是用来显示文字。它是一个非交互式的组件，也就是只能显示文字，用鼠标单击它并不会触发任何事件，创建 Label 组件的语法如下：

```
组件名称 = tk.Label(容器名称, 参数)
```

容器名称是指父类的容器，也就是上一层容器名称。当我们创建了一个组件，就可以指定前景颜色、字体以及高和宽等属性参数，参数之间用逗号 (,) 分隔，常用的参数如表 4-6 所示。

表 4-6

参数	说明
height	设置高度
width	设置宽度
text	设置Label文字
font	设置字体及字号
fg	设置文字颜色
bg	设置背景颜色
padx	与容器（Frame）的水平间距
pady	与容器（Frame）的垂直间距
anchor	文字位置，设置值有下列9种： • Center：正中心 • n、s、e、w：上方中间、下方中间、右方中间、左方中间 • ne、nw、se、sw：右上角、左上角、右下角、左下角

指定颜色可以使用颜色名称（例如 red、yellow、green、blue、white、black）或使用十六进制值颜色代码，例如红色 #ff0000、黄色 #ffff00。

创建的组件必须要指定布局方式，例如要将 Label 组件指定以 pack 方法排列，就可以如下表示（范例程序为 label.py）：

```
label = tk.Label(win, bg="#ffff00", fg="#ff0000", font =
"Helvetica 15 bold", padx=20, pady=5, text = "这是Label")
label.pack()
```

执行结果 >> 如图 4-14 所示。

图 4-14

单行编辑（Entry）组件

Entry 组件可以让用户输入文本内容，但它是单行模式，想要输入多行就要使用 text 组件，创建 Entry 组件的语法如下：

```
组件名称 = tk.Entry(容器名称, 参数)
```

常用参数如表 4-7 所示。

表 4-7

参数	说明
height	设置高度
width	设置宽度
font	设置字体及字号
fg	设置文字颜色
bg	设置背景颜色
padx	与容器（Frame）的水平间距
pady	与容器（Frame）的垂直间距
borderwidth	设置边框宽度
relief	设置边框的浮雕效果，设置值有flat、groove、raised、ridge、sunken和solid
justify	文字对齐方式，设置值有left、right和center，默认为left
state	Entry组件的状态，设置值有normal（常规）、readonly（只读）、disabled（不可用）

如果要输入 Entry 组件的默认值，可以使用 insert 方法，格式如下：

```
entry.insert(索引值, 默认文字)
```

索引值是指字符串的索引位置，可以是数字或是字符串“end”，索引从0开始，例如Entry组件里面有文字“beauty”，字母b的索引值就是0，字母a的索引值为2。

当索引值小于或等于0时，则插入点会在开始处；当索引值大于或等于当前的字数时，插入点在字符串末端。要获取字符串最末端的位置，可以使用值“end”。下面来看一下范例程序，从中可以了解insert方法索引值的妙用。

【范例程序：entry.py】

GUI界面——entry

```
01  # -*- coding: utf-8 -*-
02
03  import tkinter as tk
04  win = tk.Tk()
05  win.title("Entry")
06
07  entry = tk.Entry(win, bg="#ffccff", font = "Helvetica
    15 bold" ,borderwidth = 3)
08  entry.insert(0," 这是 Entry")
09  entry.insert("2"," 实用的 ")
10  entry.insert("end",", 真好玩 ")
11  entry.pack(padx=20, pady=10)
12
13  win.mainloop()
```

执行结果>> 如图4-15所示。

图4-15

程序第8行先放入字符串“这是Entry”，第9行将字符串“实用的”放在索引2的位置，所以Entry组件里的文字变成“这是实用的Entry”，第

10 行程序将“，真好玩”字符串位置指定在“end”，表示放在字符串末端，所以 Entry 组件的文字变成“这是实用的 Entry，真好玩”。

如果要删除 Entry 组件里的文字，可以使用 delete 方法，格式如下：

```
entry.delete(起始索引值, 结束索引值)
```

例如：

```
entry.delete(0, 2)          # 删除前面两个字符
entry.delete(3, "end")      # 删除第 3 个字符之后的字符
entry.delete(0, "end")      # 删除全部
```

按钮（Button）组件

按钮组件是与用户进行互动不可或缺的组件，当用户用鼠标单击按钮时会触发 click 事件，以调用对应的事件处理函数。创建按钮组件的语法如下：

```
组件名称 = tk.Button(容器名称, 参数)
```

常用的参数与 Label 组件一样都具有颜色与字体等外观设置，Button 组件多了一个 command 参数，用于设置用户单击按钮时要调用的事件处理函数。常用的参数如表 4-8 所示。

表 4-8

参数	说明
height	设置高度
width	设置宽度
text	设置按钮文字
font	设置字体及字号
textvariable	设置文字变量
fg	设置文字颜色
bg	设置背景颜色
padx	与容器（Frame）的水平间距
pady	与容器（Frame）的垂直间距
command	事件处理函数

每一个 button 组件同样要指定它的版面布局方式。下面的范例程序放置了两个按钮，单击按钮 1 时会更换按钮上的文字；单击按钮 2 时会变更按钮上文字的颜色。

【范例程序：button.py】

GUI 界面——按钮

```
01  # -*- coding: utf-8 -*-
02
03  def btn_click():
04      btnvar.set("单击了按钮 1")
05
06  def btn1_click():
07      btn1.config(fg = "red")
08
09  import tkinter as tk
10  win = tk.Tk()
11  win.title("Button")
12
13  btnvar = tk.StringVar()
14  btn = tk.Button(win, textvariable=btnvar, command=btn_click)
15  btnvar.set("这是按钮 1")
16  btn.pack(padx=20, pady=10)
17
18  btn1 = tk.Button(win, text="这是按钮 2", command=btn1_click)
19  btn1.pack(padx=20, pady=10)
20
21  win.mainloop()
```

执行结果如图 4-16 所示。

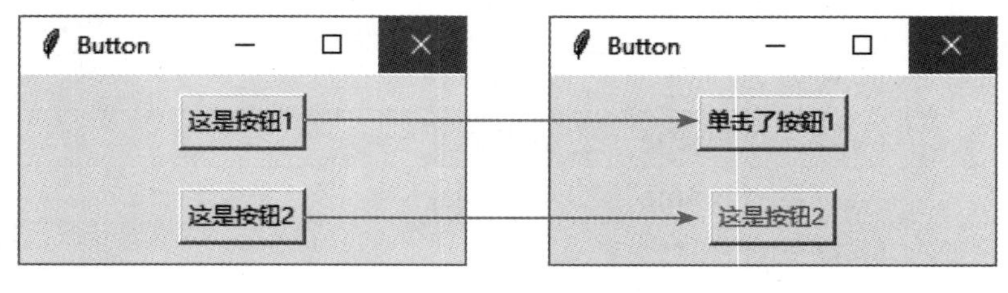

图 4-16

按钮 1 的 command 参数指定的函数是“btn_click”；按钮 2 的 command 参数指定的函数是“btn1_click”，当用鼠标单击按钮时就会去调用指定的函数。

当我们需要改变组件上的文字内容或更改属性（文字颜色、背景色、宽、高、字体等）时，有两种方法，下面以上面范例程序中的按钮为例来说明。

➢ 通过 textvariable 参数指定文字变量

如果想更改组件的文字，可以把文字变量赋值给 textvariable 属性，textvariable 属性会将文字变量与 text 属性建立链接，当文字变量被更改时组件上的文字也就跟着更改了。文字变量值必须是 tkinter 的 IntVar（整数）、DoubleVar（浮点数）或 StringVar（字符串）对象，再通过对象的 get() 与 set() 方法存取内容。下面的程序创建 StringVar 对象并用 set 方法设置按钮上的文字：

```
btnvar = tk.StringVar()     # 创建 StringVar 字符串对象 btnvar
btn = tk.Button(win, textvariable=btnvar, command=btn1_
click) # 将 btnvar 赋值给 textvariable
btnvar.set(" 这是按钮 1")   # 设置 btnvar 文字
```

➢ 通过 config 方法更改文字内容或属性值

config 方法可以修改组件的属性值，格式如下：

```
组件名称 .config( 属性名称 = 属性值 )
```

例如：

```
btn1.config(fg = "red")
```

表示将 btn1 组件的文字颜色改为红色。

想要改变按钮文字也可以使用 config 方法改变 text 属性，语法如下：

```
btn1.config(text = " 这是按钮 1")
```

如果想要设置某些属性可是又不知道该使用什么参数时，可以通过 config() 将组件前的属性值用 print 打印出来查看一下，例如：

```
print(btn1.config())
```

技巧

当组件通过 textvariable 属性设置了文字变量时，text 属性就与文字变量建立了链接，无法通过 config() 方法修改 text 属性值。

4.3.3 程序代码说明

简易计算器程序的编写大致可分为下列四个步骤：

（1）创建主窗口。

（2）版面布局（创建 Frame）。

（3）构建组件。

（4）加入事件处理函数。

下面逐一说明各个步骤的程序代码。

创建主窗口

首先加载 tkinter 模块，并将主窗口命名为“win”，窗口标题设置为“简易计算器”，程序代码如下：

```
import tkinter as tk
win = tk.Tk()
win.title(" 简易计算器 ")
...
win.mainloop()
```

版面布局（创建 Frame）

本范例的版面安排如图 4-17 所示。输入框与输出框是上下排列的，因此可以使用 pack 方法来布局，而 Button 组件是呈现为有规则的表格状，因而适合用 grid 方法来安排各个按钮组件的位置。

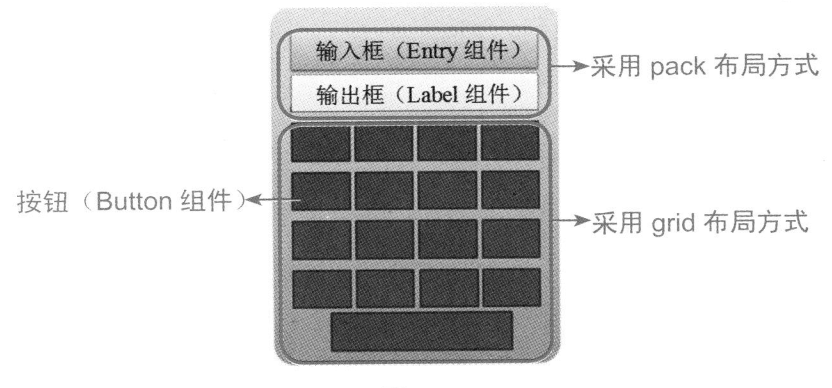

图 4-17

一个窗口中只能够使用一种布局方式，如果要使用多种布局方式，可以搭配 Frame() 组件将窗口分为多个内部框架。

Frame（框架）是一种容器型的窗口组件，创建方式如下：

```
框架名称 = tk.Frame( 容器名称 , 参数 )
框架名称 .pack()
```

例如，下面的程序创建分置于左右两边的框架（范例程序为 frame.py）：

```
import tkinter as tk
win = tk.Tk()
win.title("Frame")

frm1 = tk.Frame(win, width=100, height=300, bg="green" )
frm1.pack(side="right")

frm2 = tk.Frame(win, width=100, height=300, bg="yellow")
frm2.pack(side="left")

win.mainloop()
```

执行结果 >> 如图 4-18 所示。

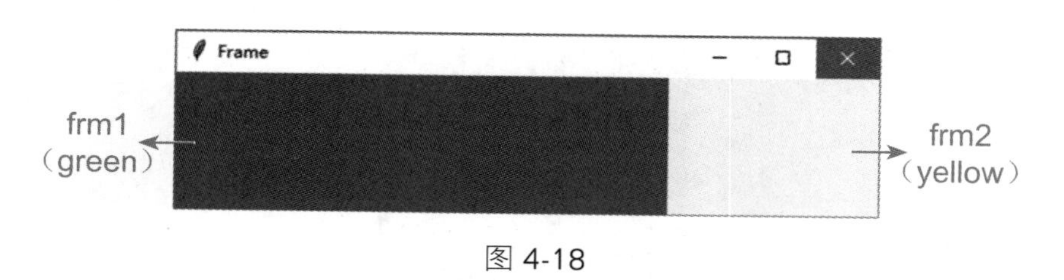

图 4-18

在“简易计算器”范例中使用了两个框架，上下排列，框架里还会放置其他组件，所以由组件来控制框架大小即可，并不需要特意去设置框架的宽和高，程序语句如下：

```
frame = tk.Frame(win)
frame.pack()
frame1 = tk.Frame(win)
frame1.pack()
```

构建 Label、Entry 与 Button 组件

在上方的框架（名称为 frame）中放置了一个 Label 组件与一个 Entry 组件：Entry 组件设置了背景颜色、字体与边框大小；Label 组件设置了背景颜色、字体、组件靠右，默认 Label 文字为“计算结果”。这两个组件的宽度都是填满整个窗口，所以将 pack() 的 fill 属性设为 x。

```
entry = tk.Entry(frame, bg="#ffccff", font = "Helvetica 15
bold" ,borderwidth = 3)
entry.pack(fill="x")
label = tk.Label(frame, bg="#ffff00", font = "Helvetica 15
bold", anchor="e" , text = " 计算结果 ")
label.pack(fill="x")
```

接下来产生按钮对象。范例使用的按钮总共有 17 个，分别是 0~9 及“.”（点）、加（+）减（-）乘（*）除（/）键、cls 清除按钮、等于“=”键。这些按钮（键）的程序代码几乎都是重复的，参数也大同小异，这样我们就可以把它独立编写成函数，不但可以减少程序编写的工作，还能增加程序的可读性，程序代码简洁，也更容易维护。

下面是自定义的btn函数，函数内指定7个参数：root（容器名称）、text（按钮文字）、row（grid布局的row值）、col（grid布局的col值）、w（按钮宽度）、colspan（跨列合并）、command（事件处理函数）。

```
def btn(root, text, row, col, w, colspan, command):
button = tk.Button(root, text=text, width=w, command=command)
    button.grid(row=row, column=col, padx=5, pady=5,
  columnspan=colspan)
```

定义好了btn函数之后，就可以创建按钮Button组件了。

按钮组件除了“cls”键与“=”键之外，其余按钮都可以在用户单击按钮时将按钮上的文字直接带入Entry组件组合成表达式，如图4-19所示。

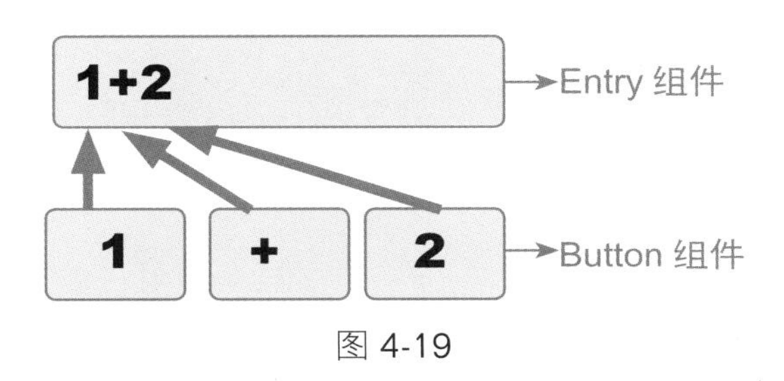

图 4-19

因此这里使用嵌套for循环语句来产生0~9、“.”（点）键、加（+）、减（-）、乘（*）和除（/）键，首先将其定义成列表（list），for循环语句就会自动将列表里的元素按序遍历一遍：

```
key=["123+", "456-", "789*", "0./"]    # 定义列表 (list)
for x_index, x in enumerate( key ):
    for y_index, y in enumerate(x):
btn(frame1, y, x_index, y_index, 6, 1, command=lambda
y=y : get_input(y))
```

外层for循环语句第一次执行时会带入列表的第一个元素“123+”，内层的for循环则创建“1”“2”“3”“+”四个按钮组件，可参考图4-20所示的示意图。

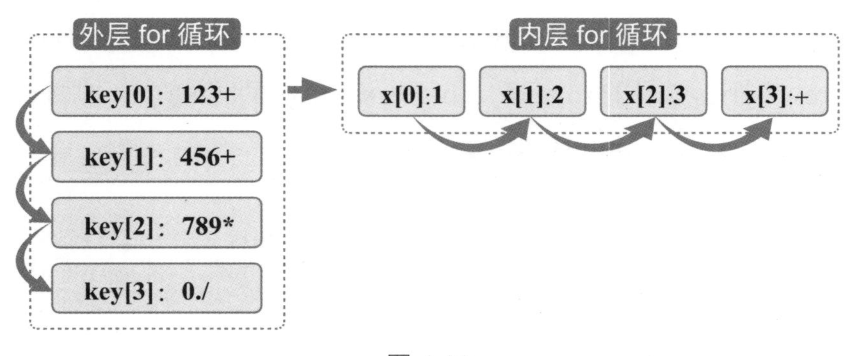

图 4-20

我们可以发现外层 for 循环按序取出列表元素（key[0]~key[3]），而索引值（index）与 grid 布局的 row 属性位置相对应；内层 for 循环按序取出“123+”字符串元素（x[0]~x[3]），索引值与 column 属性位置对应。因此使用了 enumerate 函数取出 for 循环的索引值直接带入 grid 的 row 属性与 column 属性。

我们稍后再来介绍按键的事件处理函数，先将“cls”按钮与“=”按钮完成，语法如下所示。

```
btn(frame1, 'Cls', 3, 3, 6, 1, command=clear)
btn(frame1, '=', 5, 0, 20, 4, command=calc)
```

加入事件处理函数

范例程序中有三个事件处理函数，分别是获取按键文字的 get_input() 函数、清除输入的 clear() 函数与负责计算的 calc() 函数，直接在 Button 组件的 command 设置事件处理函数就可以了，例如要把 clear() 函数指定（赋值）给“Cls”按钮，可以这样表示：

在这里加上 clear 函数处理过程

```
btn(frame1, 'Cls', 3, 3, 6, 1, command=clear)
```

要特别注意的是这里不能直接调用函数，也就是不能写成“clear()”，如果这样写的话，程序执行到此就会直接执行函数，而不会等到鼠标单击按钮时才去调用函数。因此这里必须使用回调函数（callback function）模式，把函数当成自变量来传递。

回调函数不能带入参数，如果要带入参数，就必须使用 lambda 表达式。lambda是一种简单的运算表示方法，用来建立匿名函数（anonymous function），格式如下：

```
lambda 参数：表达式
```

例如，下面是一个著名的加法函数sum():

```
def sum(x):
return x+1

print(sum(2))      # 返回计算结果 3
```

用lambda来表示，只要改写成如下形式即可：

```
sum = lambda x : x+1
print(sum(2))      # 返回计算结果 3
```

lambda表达式中的参数是在程序执行的时候取值，而不是在定义的时候取，举例来说：

```
01  y=5
02  sum = lambda x : x + y
03  y=10
04  print(sum(2))      # 返回计算结果 12
```

我们直觉会认为y=5带入lambda表达式，所以sum(2)得到的结果应该是7，事实上执行的结果却是12，这是因为程序执行到第3行时变量y的值已经赋值为10了。

有一个变通的方式，就是先将参数值赋值给lambda的默认参数，如此一来就能先获取参数值，例如：

```
y=5
sum = lambda x, y=y : x + y
y=10
print(sum(2))      # 返回计算结果 7
```

回到本章的编制简易计算器范例，在这个范例中，我们使用 for 循环创建的按钮必须将按钮上的字符或者数字传给事件处理函数使用，因此使用 lambda 表达式，变量 y 的值必须在 for 循环执行时就进行赋值，所以这里使用了 lambda 的默认参数，程序如下：

```
btn(frame1, y, x_index, y_index, 6, 1, command=(lambda y=y :
get_input(y)))
```

捕获错误信息

当用鼠标单击“=”按钮以计算表达式的结果时，已经容许错误的输入，如果出现错误，就输出错误信息“Infinity”。

要捕获错误信息，最简单的方式就是进入程序之后，以 try...except... 来捕获运行时的错误，格式如下：

```
try:
    # 主程序
except:
    # 异常处理程序 (exception handlerxcept)
```

当错误发生时，就会执行 except 区块里的异常处理程序。

我们来看一下 calc() 函数：

```
01  def calc():
02      try:
03          input = entry.get()      # 获取 entry 组件输入的内容
04          output = eval(input)     # 获取运算结果
05          entry.delete(0, "end")   # 清除 entry 组件输入的内容
06          label.config(text = output)    # 在 label 组件显示文字
07      except:
08          label.config(text = "Infinity")   # 在 label 组件显示
            错误信息
```

上面第 4 行使用 eval() 函数将字符串当成表达式并返回计算结果，eval() 的格式如下：

```
eval(String)
```

例如：

```
eval("2 + 2")
```

本章范例就说明至此，完整的程序代码如下：

【范例程序：Review_calculator.py】

云盘下载 简易计算器（GUI）

```
01  # -*- coding: utf-8 -*-
02  """
03  程序名称：简易计算器（GUI 界面）
04  题目要求：
05  1. 使用 GUI 界面，需有 0~9 和 . 键、加减乘除（+-*/）键、Cls 键（清除）
06  2.input 区块可用鼠标输入，也可用键盘输入
07  3. 容许错误输入，输出错误信息 "Infinity".（例如输入 "10/0",
    输出 "Infinity")
08  """
09
10  def btn(root, text, row, col, w, colspan, command):
11      button = tk.Button(root, text=text, width=w,
        command=command)
12      button.grid(row=row, column=col, padx=5, pady=5,
        columnspan=colspan)
13
14  def get_input(argu):
15      entry.insert("end",argu)    # 将按钮文字输入 entry 组件
16
17  def calc():
18      try:
19          input = entry.get()      # 获取 entry 组件输入的内容
20          output = eval(input)     # 获取运算结果
21          entry.delete(0, "end")   # 清除 entry 组件输入的内容
22          label.config(text = output)   # 在 label 组件显示文字
23      except:
```

```
24          label.config(text = "Infinity")    # 在 label 组件显示
            错误信息
25
26     def clear():
27         entry.delete(0, "end")
28         label.config(text = "")
29
30     import tkinter as tk
31     win = tk.Tk()
32     win.title("简易计算器")
33
34     frame = tk.Frame(win)
35     frame.pack()
36     frame1 = tk.Frame(win)
37     frame1.pack()
38
39     entry = tk.Entry(frame, bg="#ffccff", font = "Helvetica
       15 bold" ,borderwidth = 3)
40     entry.pack(fill="x")
41     label = tk.Label(frame, bg="#ffff00", font = "Helvetica
       15 bold", anchor="e" , text = "计算结果")
42     label.pack(fill="x")
43
44     key=["123+", "456-", "789*", "0./"]
45     for x_index, x in enumerate(key):
46         for y_index, y in enumerate(x):
47             btn(frame1, y, x_index, y_index, 6, 1, command
               =(lambda y=y : get_input(y)))
48
49     btn(frame1, 'Cls', 3, 3, 6, 1, command=clear)
50     btn(frame1, '=', 5, 0, 20, 4, command=calc)
51
52     win.mainloop()
```

课后习题

实践题

1. 试着编写一个程序，让用户传入一个数值 N，判断 N 是否为 3 的倍数，若是就输出 True，若不是则输出 False。

2. 使用 while 循环计算 1 到 100 所有整数的和。

3. 使用 for 循环计算 1 到 100 所有整数的和。

第 5 章

字符与字符串——Open Data 数据的提取与应用

学习大纲

- 创建字符串
- 字符串分割概念
- 认识转义字符
- 字符串常用函数
- Open Data 数据的提取与应用

在前几章的范例中经常使用到字符串，相信大家对于字符串已经不陌生了。字符串（String）是类型为String的对象，Python提供了许多好用的方法来处理字符串对象，功能强大而且简单。本章将说明如何处理字符串，以及字符串使用上应该注意的地方。

5.1 创建字符串

字符串（String）是由一连串的字符所组成的，最基本的表示方式是将字符串包含在一组双引号（"）或一组单引号（'）中，例如：

```
01  "13579"
02  "1+2"
03  "Hello, how are you?"
04  "I'm all right, but it's raining."
05  'I\'m all right, but it\'s raining.'
```

用来括住字符串的双引号与单引号可以交替使用，上例中第4行字符串由双引号括住，第5行字符串则用单引号括住，然而第5行字符串中已经有单引号，就要避免使用单引号括住字符串，如果遇到只能使用单引号的情况，可以在字符串中的单引号之前加上转义字符“\”。

Python中的字符串也可以拿来运算，例如字符串相加：

```
str1 = "Hello!" + "How are you?"
print(str1)    # 执行结果：Hello!How are you?
```

也可以使用乘号（*）重复字符串，例如：

```
str1 = "Hello!" * 3
print(str1)   # 执行结果：Hello!Hello!Hello!
```

如果输出字符串时想要分行显示，则可以在要分行的地方加入“\n”，例如：

```
str1 = "Hello!\nHow are you?"
print(str1)
```

执行结果 >>

```
Hello!
How are you?
```

技巧

字符串相加时两边都必须是字符串类型，如果是字符串与非字符串类型相加，非字符串类型必须要先使用 str( ) 函数转换为字符串类型再进行运算。

5.2 字符串分割概念

字符串是由字符所组成的列表对象，如果想要获取字符串中的字符，有三种方式：

（1）通过索引值（index）取出某个字符。

（2）使用切片（slice）方法取出某段字符串。

（3）使用 split() 函数分割字符串。

通过索引值（index）取出某个字符

字符串对象可以使用索引值来获取字符，索引值从 0 开始，假设有一个字符串 str1="Hello"，那么 str1 的长度就是 5，字符串中的元素分别为 str1[0]、str1[1]、str1[2]、str1[3]、str1[4]。

索引值为正值表示从字符串开始处从左往右算；负值则从字符串结尾从右往左算，例如 str1[0] 表示字符串的第 1 个字符，str1[-1] 表示字符串最后的一个字符，例如下面的语句分别是获取第 1 个字符与倒数第 2 个字符：

```
str1 = "Hello!How are you?"
print(str1[0])   # 执行结果：H
print(str1[-2])  # 执行结果：u
```

学习小教室

字符串对象一旦被设置，它的内容就是不可变的（immutable）了。重新赋值是创建一个新的字符串而不是去修改原字符串，原来的字符串对象会在适当的时机被 Python 的垃圾回收机制（Garbage collection）回收。

因此字符串对象可以使用索引取出字符，但是不能对某个索引赋值，例如下式就会发生错误：

```
str1[0] = "A"
```

通过切片（slice）取某段字符串

slice 切片顾名思义就是从字符串中取出某一段字符串，格式如下：

```
字符串 [ 起始索引：结束索引：间隔值 ]
```

结束索引不包含自身的索引值，字符串如果不间隔取值，间隔值可省略不写，例如：

```
str1 = "ABCDEFGHIJK"
print(str1[3:6])    # 执行结果：DEF
```

上面语句表示从第 3 个索引值开始，取到结束索引 5（6-1）为止，所以会取出 DEF 字符串。如果是从头开始取字符串，那么起始索引可以省略不写；如果字符串要取到字符串结尾，那么结束索引可以省略不写，举例来说（范例程序 slice.py）：

```
01  str1 = "ABCDEFGHIJK"
02  print(str1[:7:2])   # ACEG
03  print(str1[2::2])   # CEGIK
04  print(str1[::2])    # ACEGIK
```

上述程序第 2 行到第 4 行都是每 2 个间隔取字符串，第 2 行语句没有写起始索引，表示从起始位置也就是索引值 0 开始；第 3 行语句没有写结束索引，表示取到最后一个字符；第 4 行语句没有结束索引也没有结束索引，表示目标是完整的 str1 字符串。

slice 方法取出的字符串长度正好就是结束索引与起始索引相减值，例如 str1[3:6] 取出的字符串长度就是 3。

如果想知道字符串长度，也可以用 Python 内建的 len() 函数来查询，字符串长度也包含空格符，例如下面的语句（范例程序 left.py）：

```
str1 = "Do one thing at a time!"
str2 = str1[13:]
str_w = len(str2)   # 获取字符串长度
print(" 取出的字符串 = “{}”, 长度: {}".format(str2,str_w))
```

执行结果 >>

```
取出的字符串 ="at a time!", 长度: 10
```

使用 split () 函数分割字符串

split() 函数可以指定分隔符将字符串分割为子字符串，返回子字符串的列表。格式如下：

```
字符串 .split( 分隔符 , 分割次数 )
```

默认的分隔符为空字符串，包括空格、换行符号（\n）、制表符号（\t），例如下面的范例。

【范例程序：split.py】

字符串分割

```
01  str1 = "Do \none \nthing \nat a time!"
02  print( str1.split() )
03  print( str1.split(' ', 2 ) )
```

执行结果 >>

```
['Do','one','thing','at','a','time!']
['Do','\none','\nthing\nat a time!']
```

第 2 行语句没有指定分割字符，所以会以空格与换行符号（\n）来分割，第 3 行语句指定了以空格来分割，分割 2 个子字符串之后的字符串就不再分割。

下面的范例使用前面介绍的 slice 方法将 26 个英文字母反转后输出，读者不妨练习看看。

【范例程序：ReverseString.py】

字母反转输出

```
01  # -*- coding: utf-8 -*-
02  letters = ""
03  for x in range(97, 123):
04      letters += str(chr(x))
05  print(letters)
06
07  revletters = letters[::-1]
08  print(revletters)
```

执行结果 >> 如图 5-1 所示。

```
abcdefghijklmnopqrstuvwxyz
zyxwvutsrqponmlkjihgfedcba
```

图 5-1

范例中使用 chr() 函数返回 ASCII 码对应的字符，并用 for 循环将字符相加后赋值给变量 letters，再使用 slice 方式将字符串反转。

这里所用的 ASCII 码采用十进制表示法，97~122 对应的是小写英文字母 a~z；65~90 对应的是大写的英文字母 A~Z。

技巧

chr() 函数可以返回 ASCII 码对应的字符，使用 ord() 函数可以返回字符对应的 ASCII 码。

5.3 认识转义字符

字符串中有一些特殊的字符无法从键盘输入或是该字符已经被定义为其他用途，要使用这些字符就必须加上转义字符（escape character）。

转义字符通常由反斜杠“\”组成，例如前面提过的单引号括住的字符串里面又有单引号时，就必须使用转义字符：

```
str1 = 'it\'s raining.'
```

当解释器遇到反斜杠，就知道下一个字符必须另外处理，就不会将它视为字符串结尾的单引号。另外还有一些换行符、制表符等无法由键盘输入，也可以用转义字符来处理。

常用的转义字符如表 5-1 所示。

表 5-1

转义字符	说明
\	反斜杠
\'	单引号
\"	双引号
\b	退格（backspace）键
\n	换行
\t	制表符（tab键）
\uXXXX	\u加上4个十六进制数字表示一个Unicode字符

转义字符“\”本身还有另外一个用途，就是当程序代码太长时只要在该行末端加一个反斜杠就可以换行继续编写，例如下面的 format 语句加上反斜杠“\”就可以换下一行继续编写了（范例程序 escape.py）。

```
a = "Beautiful"
b = len(a)
print("{} 有 {} 个字符 ".\
      format(a, b))
```

下面再来看看转义字符的范例。

【范例程序：escape01.py】

显示特殊字符

```
01  str1 = "Never say \tNever!\nNever say \"Impossible!\"\u2665"
02  print(str1)
03  str2 = "Never say Never\b\b\b\b\b"
04  print(str2)
05  str3 = "c:\\temp"
06  print(str3)
07  str4 = r"c:\temp"
08  print(str4)
```

执行结果 >> 如图 5-2 所示。

```
Never say       Never!
Never say "Impossible!"♥
Never say
c:\temp
c:\temp
```

图 5-2

第 1 行程序使用了“\t”制表符、“\n”换行符，并且使用“\u2665”来显示爱心符号；第 3 行程序使用了“\b”转义字符，所以最后的“Never”被删除了；第 5 行程序要输出“c:\temp”，然而其中的字符“\”是转义字符，所以必须再加上一个“\”字符才能正确输出反斜杠符号；第 7 行程序同样是要输出“c:\temp”，但不使用转义字符，而是在字符串前加上“r”前导符，如此一来，也可以按照字符串的原貌输出。

5.4 字符串常用函数

在编写程序的过程当中，字符串的函数非常重要而且是很实用的功能，常用的函数包括计算字符串长度、替换字符串、查找字符串甚至是比较两个字符串等。下面就来介绍 Python 提供的一些用于字符串的函数与方法。

计算字符串长度——len() 函数

Python 的内建函数 len() 会返回字符串的字符个数也就是字符串长度，空格也会计算在内，转义字符产生的字符算 1 个长度，例如（范例程序 len.py）：

```
s= "The first wealth is health\u266C"
print("{} 长度是 {}".format(s, len(s)))
```

执行结果 >>

```
The first wealth is health♬ 长度是27
```

大小写转换与首字母大写——upper()、lower()、capitalize()

upper() 方法可以将字符串字母转换为大写；lower() 方法将字母转换为小写；capitalize() 方法可以将字符串首字母转换为大写，用法可参考下面的范例程序。

云盘下载

【范例程序：upper.py】 大小写转换与首字母大写

```
str1="The first wealth is health."
print(str1.upper())
print(str1.lower())
print("health.".capitalize())
```

执行结果 >> 如下：

```
THE FIRST WEALTH IS HEALTH.
the first wealth is health.
Health.
```

如果想要知道字符串是否全部是大写或全部是小写，可以用 isupper() 或 islower() 方法来查询，例如：

```
str= "girl"
s=str.islower()    # 执行结果：True
```

isupper() 或 islower() 方法只要字符串里有大小写混合，得到的结果都会是 False。

搜索特定字符串出现的次数——count()

数据分析的时候常常需要计算特定字符串出现的次数，Python 提供了 count() 方法，格式如下：

```
目标字符串 .count( 特定字符串 [, 起始索引 [, 终止索引 ]])
```

起始索引与终止索引可省略，表示搜索整个目标字符串，例如：

【范例程序：count.py】

搜索特定字符串出现的次数

```
01  str1="Never say Never! Never say Impossible!"
02  str2="浪花有意千重雪,桃李无言一队春。\n一壶酒,一竿纶,世上如侬有几人?"
03  s1=str1.count("Never",15)
04  s2=str1.count("e",0,3)
05  s3=str2.count("一")
06  print("{}\n"Never"出现了{}次,"e"出现了{}次".format(str1,s1,s2))
07  print("\n{}\n "一" 出现了 {} 次 ".format(str2,s3))
```

执行结果 >> 如图 5-3 所示。

```
Never say Never! Never say Impossible!
"Never"出现了1次,"e"出现了1次

浪花有意千重雪，桃李无言一队春。
一壶酒，一竿纶，世上如侬有几人?
"一"出现了3次
```

图 5-3

第 3 行程序从 str1 字符串索引 15 的位置开始搜索，第 4 行则是搜索 str1 从索引值 0 到索引值 3 减 1 的位置，第 5 行搜索整个 str2 字符串。

删除字符串左右两边特定字符——strip()、lstrip()、rstrip()

函数 strip() 用于删除字符串首尾的字符，lstrip() 用于删除左边的字符，rstrip() 用于删除右边的字符，三种方法的格式相同，下面以 strip() 来进行说明:

```
字符串 .strip([ 特定字符 ])
```

特定字符默认为空格符，特定字符可以输入多个，例如（范例程序 strip.py）：

```
str1="Never say Never!"
s1=str1.strip("N!")
print(s1)
```

执行结果 >>

```
ever say Never
```

由于传入的是 (“N!”)，相当于要删除“N”与“!”，执行时会按序删除两端符合的字符，直到没有匹配的字符为止，所以上面范例分别删除了左边的“N”与右边的“!”字符。

技 巧

strip()、lstrip() 与 rstrip() 方法用来删除字符串“左右”两边的字符，并不是删除整个字符串内匹配的字符！

字符串替换——replace()

瓬函数 replace() 可以将字符串中的特定字符串替换成新的字符串，格式如下：

```
字符串 .replace( 原字符串 , 新字符串 [, 替换次数 ])
```

例如（范例程序 replace.py）：

```
str= "Jennifer is a beautiful girl."
s=str.replace("Jennifer", "Joan")
str= " 苹果可以做成苹果汁、苹果干、苹果色拉 ."
s=str.replace(" 苹果 ", " 葡萄 ")
```

执行结果 >> 如图 5-4 所示。

```
Joan is a beautiful girl.
葡萄可以做成葡萄汁、葡萄干、葡萄色拉.
```

图 5-4

下面的范例程序是打开一篇较长的文章（redcap.txt，取自格林童话《小红帽》），我们试着从这篇文章中找出指定的关键词出现的次数。

【范例程序：redcap.py】

查文本文件内特定字符串组合出现的次数

```
01  # -*- coding: utf-8 -*-
02  with open("redcap.txt", "r") as f:
03      story=f.read()     # 读出文件内容
04
05  words=["grandmother", "wolf", "Little Red-Cap"]
06
07  for w in words:
08      sc=story.count(w)
09      print("{} 出现了 {} 次 ".format(w,sc))
```

如图 5-5 所示。

```
grandmother 出现了 8 次
wolf 出现了 3 次
Little Red-Cap 出现了 1 次
```

图 5-5

Python 内建有文本文件的函数，不需要 import 其他模块就能使用。使用 open() 函数打开文件，第一个参数是文件名，第二个参数是使用文本文件的方法，参数说明如表 5-2 所示。

表 5-2

参数	说明
r	读取模式打开文件
w	写入模式打开文件
a	写入模式，写入的数据会附加在现有的文件内容之后
r+	读取与写入模式

第 5 行指定了要搜索的文字列表，里面有三个字符串：grandmother、wolf 以及 Little Red-Cap，通过 for 循环搭配 count 函数就能找出这些字符串在文章中出现了多少次。

5.5 上机演练——Open Data 数据的提取与应用

随着世界各个国家和地区致力于倡导数据开放，培养民众的数据能力，支持数据创新的浪潮中，中国各地在推行开放资料（Open Data）上也不遗余力，纷纷设立了开放平台、网站供民众使用。例如，北京市政务数据资源网、上海市政府数据服务网等，可以提供浏览和下载的数据有经济建设、道路交通、资源环境等。人们可以很方便地获取所需的开放数据，通过程序的开发，将这些数据进行更有效的应用，本章的范例将介绍如何从公开数据平台获取数据并加以运用。

5.5.1 什么是 Open Data

开放数据（Open Data）是开放、免费、透明的数据，不受著作权、专利权所限制，任何人都可以自由使用和发布。这些开放数据通常会以开放文件格式如 CSV、XML 及 JSON 等格式，提供用户下载应用，经过汇总和整理之后这些开放数据就能提供更有效的信息甚至成为有价值的商品。

例如，有人将开放数据平台开放的空气污染与降雨数据汇总和整理成图表，并且在超目标时提出警示。

北京市政务数据资源网的网址为 www.bjdata.gov.cn，网站首页如图 5-6 所示。这些网站集合了不少开放数据（Open Data），大家可以去看看有哪些是自己需要的“宝贝”数据。

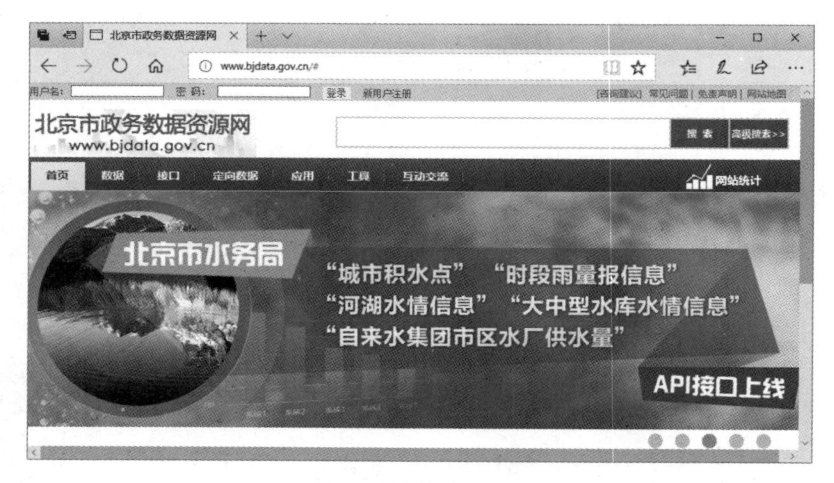

图 5-6

5.5.2 获取 Open Data 数据

开放数据平台一般会提供三种数据格式的数据文件供用户下载：XML、JSON 及 CSV。有的也会直接提供 Excel 格式的数据文件供人们下载。

如果数据更新频率较高，比如“空气质量实时监测数据”通常每小时更新一次”，对于这类数据，我们可以在文件链接处单击鼠标右键，再选择“复制链接网址”来获取 URL（Uniform Resource Locator，网址），然后通过

Python 就能够随时获取最新的数据，下一小节将说明如何操作。

虽然开放数据是免费获取，但是在使用时大部分都会要求必须标示数据的来源，因此下载前可以先阅读授权说明。

CSV、XML 和 JSON 三种开放数据格式是常见的数据交换格式，CSV 格式是用逗号分隔的纯文本文件（如图 5-7 所示），前面章节已经介绍并且使用过，这里就不再赘述。下面说明 XML 与 JSON 格式。

注意：为了便于演示如何编写程序使用这些开放数据，我们用一个样例的小数据文件，以免数据过大影响我们运行范例程序的效率，大家在实际工作中用真实的数据文件替换掉这个样例文件即可。

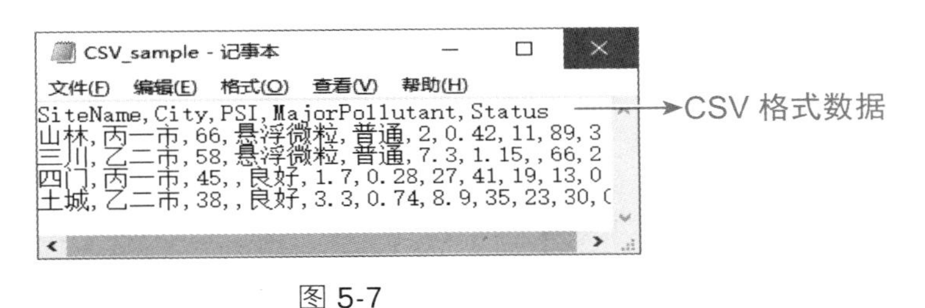

图 5-7

XML 格式

XML 是可扩展标记语言（Extensible Markup Language），允许用户自行定义标签（tag），如图 5-8 所示。


```
▼<AQX>
  ▼<Data>
      <SiteName>三林</SiteName>
      <City>丙一市</City>
      <PSI>66</PSI>
      <MajorPollutant>悬浮微粒</MajorPollutant>
      <Status>普通</Status>
      <SO2>2</SO2>
      <CO>0.42</CO>
      <O3>11</O3>
      <PM10>89</PM10>
      <PM2.5>38</PM2.5>
      <NO2>14</NO2>
      <WindSpeed>0.5</WindSpeed>
      <WindDirec>41</WindDirec>
      <FPMI>3</FPMI>
      <NOx>15.61</NOx>
      <NO>1.56</NO>
      <PublishTime>2017-05-03 23:00</PublishTime>
    </Data>
```


图 5-8

标签是以“<”与“>”符号括起来，各个标签称为“元素（element）”，标签必须成对，包括了“开始标签”与“结束标签”，标签之间的文字称为内容（content），如图 5-9 所示。

图 5-9

XML 的文件结构就像树结构一样，以这份 XML 文件为例，<SiteName> 的父元素是 <Data>，每一组 <Data> 元素里面都包含测站名称、城市以及各种指标等子元素。

JSON 格式

JSON（JavaScript Object Notation）格式是 JavaScript 的对象表示法，是轻量的数据交换格式，文件小，适用于网络数据传输。

JSON 有两种形式：列表（数组）与对象。列表以“[”符号开始，以“]”符号结束，里面通常会包含对象集合(collection)，每一组集合用逗号分隔，例如：

```
[collection, collection]
```

对象（Object）以“{”符号开始，以“}”符号结束，里面包含名称与值，形式如下：

```
{name:value}
```

以这份文件为例，JSON 格式如图 5-10 所示。


```
[{"SiteName":"三林","County":"丙一市","PSI":"66","MajorPollutant":"悬浮微粒 ","Status":"普通","SO2":"1.8","CO":"0.43","O3":"4.7","PM10":"75","PM2.5":"39","NO2":"15","WindSpeed":"1.1","WindDirec":"266","FPMI":"3","NOx":"17.34","NO":"2.62","PublishTime":"2017-05-04 00:00"},
{"SiteName":"三川","County":"乙二市","PSI":"58","MajorPollutant":"悬浮微粒 ","Status":"普通","SO2":"4.6","CO":"0.94","O3":"","PM10":"63","PM2.5":"24","NO2":"28","WindSpeed":"","WindDirec":"","FPMI":"3","NOx":"41.96","NO":"14.06","PublishTime":"2017-05-04 00:00"},
```


图 5-10

JSON 不需要换行，所以看起来密密麻麻，如果将它写成下面的格式，我们就可以很清楚地看出每个集合（collection）里的内容：

```
[
{
"SiteName":" 三林 ",
"City":" 丙一市 ",
"PSI":"66",
...
},
{
"SiteName":" 三川 ",
"City":" 乙二市 ",
"PSI":"58",
...
}
....
]
```

XML 是一种标记语言，程序需要解析标记，这会花费比较多的时间；而 JSON 格式文件小、非常容易解析。下面我们将实际操作，大家可以比较这两种格式的差别。

5.5.3 程序范例描述

本范例将假设从一个开放数据平台取得“空气质量实时监测数据”的 JSON 与 XML 格式数据，取出“测站名称”“城市”“PM2.5 浓度”“状态”与“发布时间”，分别存储为 CSV 文件并打印输出。

技巧

下面程序中的网站地址都不是实际的，读取的数据字段也是假定的，但是程序的逻辑是没有问题的。大家在实际运用中可以替换成真实的网址，再根据实际读取的 JSON 与 XML 数据字段修改程序中的语句。

➢ **输入说明**

从开放数据平台获取“空气质量实时监测数据”的 JSON 与 XML 链接 URL。

➢ 输出范例

XML 格式保存为 pm_xml.csv 文件，内容如图 5-11 所示，大家只要参考这个输出文件大致的样子就行，内容是虚构的。大家的重点是看程序的整体结构。另外，JSON 格式不保存，只将结果打印输出。

图 5-11

➢ 制作步骤

XML 格式内容的提取步骤如下：

步骤 01 获取网页（url）的内容。

步骤 02 使用 BeautifulSoup 模块解析 XML 标记（或称为标签）。

步骤 03 保存为 CSV 文件。

JSON 格式内容的提取步骤如下：

步骤 01 获取 url 内容。

步骤 02 使用 JSON 模块解析 JSON 数据。

步骤 03 打印输出。

5.5.4 程序代码说明

Python 有多种模块可用于抓取网页的数据，这里我们使用 urllib.request 模块，以下程序是最基本的使用方式：

```
import urllib.request as ur
with ur.urlopen(od_url) as response:
    get_xml=response.read()
```

urllib.request 模块的使用非常简单，只要将网址传入 urlopen 函数就会返回 HttpResponse 对象，接着就可以使用 read() 方法将网页内容读取出来。

取出来的网页内容有一大串，我们要通过编程从里面找到需要的内容，也就是所谓的“爬虫（Crawler）”。

Python 提供了许多爬虫模块，由于 HTML 与 XML 网页的结构都属于标记结构，适合使用 BeautifulSoup 模块来解析；而 JSON 格式直接使用 JSON 模块最方便。

下面我们就先来看看 XML 格式的解析方式，可以打开 xml_parse.py 范例文件来查看完整的程序代码。

Beautiful Soup 4 模块

BeautifulSoup 模块使用方式如下：

```
from bs4 import BeautifulSoup
data = BeautifulSoup(get_xml,'xml')
SiteName = data.find_all('SiteName')
```

BeautifulSoup 模块是用来从 HTML 或 XML 格式中通过标记找出想要的数据，版本是 Beautiful Soup 4.x，模块库已更名为 bs4，所以使用前要先加载 bs4 模块。我们可以直接用 from bs4 import BeautifulSoup 来加载 BeautifulSoup 类。

BeautifulSoup 常用的方法与属性如表 5-3 所示。

表 5-3

属性与方法	说明	范例
title属性	返回页标题	data.title
text属性	除去所有标记，只返回内容（content）	data.text
find方法	返回第一个符合条件的字符串对象	data.find('SiteName')
find_all方法	返回所有符合条件的字符串对象	data.find_all('SiteName')
select方法	返回CSS选择器筛选的所有内容	data.select('#id')
get_text方法	返回字符串对象的标记内容	data.find('SiteName').get_text()

范例中使用了 find_all 方法来搜索特定的标记，程序语句如下：

```
SiteName = data.find_all('SiteName')
City = data.find_all('City')
Status = data.find_all('Status')
pm25 = data.find_all('PM2.5')
PublishTime = data.find_all('PublishTime')
```

使用 for 循环就可以取出所有的标记内容了，程序语句如下：

```
for i in range(0, len(SiteName)):
    csv_str += "{},{},{},{},{}\n".\
format(SiteName[i].get_text(),City[i].get_text(),pm25[i].get_
text(),Status[i].get_text(),PublishTime[i].get_text())
```

取出的数据如果还有其他用途，可以将它保存为 CSV 文件，语法如下：

```
with open("pm_xml.csv", "w") as f:
    story=f.write(csv_str)     # 写入文件
```

接着我们继续来介绍 JSON 格式的解析方式，我们可以打开范例文件 json_parse.py 以查看完整的程序代码。

JSON 模块

JSON 模块在使用之前同样需要 import json，然后使用 loads() 方法将 JSON 格式的字节（byte）数据译码成 Python 的列表（list）结构，使用方式如下：

```
import json
data = json.loads(s)
```

如此一来，就可以直接用 Python 的列表操作方式取出数据了，例如取出第一个元素的 SiteName，只要如下表示即可：

```
data[0]["SiteName"]
```

因此，使用 for 循环就能轻松地取出所需要的标记内容了。这个范例就不再保存 CSV 文件，而是直接打印输出格式化数据。

技巧

如果想要解析的不是JSON字符串而是JSON文本文件，则可以使用load()方法，例如：

```
with open('data.json', 'r') as f:
    data = json.load(f)
```

下面为完整的xml_parse.py和json_parse.py程序代码，以供大家参考。

【范例程序：xml_parse.py】

Open Data数据的提取与应用——XML格式

```
01  # -*- coding: utf-8 -*-
02  """
03  OpenData 数据的提取与应用
04  XML 格式
05  """
06  od_url="http:// 这里填入实际要使用的开放数据网的网址 "
07
08  import urllib.request as ur
09
10  with ur.urlopen(od_url) as response:
11      get_xml=response.read()
12
13  from bs4 import BeautifulSoup
14
15  data = BeautifulSoup(get_xml,'xml')
16  SiteName = data.find_all('SiteName')
17  City = data.find_all('City')
18  Status = data.find_all('Status')
19  pm25 = data.find_all('PM2.5')
20  PublishTime = data.find_all('PublishTime')
21
22  csv_str = ""
23  for i in range(0, len(SiteName)):
```

```
24        csv_str += "{},{},{},{},{}\n".\
25                       format(SiteName[i].get_text(),\
26                              City[i].get_text(),\
27                                   pm25[i].get_text(),\
28                                   Status[i].get_text(),\
29                                        PublishTime[i].get_
                                          text())
30
31   with open("pm_xml.csv", "w") as f:
32       story=f.write(csv_str)     # 写入文件
33
34   print(" 完成 ")
```

【范例程序：json_parse.py】

云盘下载 OpenData 数据的提取与应用——JSON 格式

```
01   # -*- coding: utf-8 -*-
02   """
03   OpenData 数据的提取与应用
04   JSON 格式
05   """
06  od_json="http:// 这里填入实际要使用的开放数据网的网址 "
07
08   import urllib.request as ur
09   with ur.urlopen(od_json) as response:
10       s=response.read()
11
12   import json
13   data = json.loads(s)
14   csv_str=""
15   for i in range(0, len(data)):
16       csv_str += "{},{},{},{},{}\n".\
17                   format(data[i]["SiteName"],\
18                          data[i]["City"],data[i]
                           ["PM2.5"],\
19                              data[i]["Status"],data[i]
                               ["PublishTime"])
20
21   print(csv_str)
```

课后习题

实践题

1. 试输入一个字符串，并计算字符串中英文字母的个数。例如：

```
输入：cute2017#*/-
输出：共有 4 个英文字母，字母是 cute
```

【提示】ord() 函数返回字符对应的 ASCII 码。
小写字母 ASCII 码为 97~122。

2. 试将“ATTITUDE”反转输出。例如：

```
请输入字符串：ATTITUDE
原字符串：ATTITUDE
反转后：EDUTITTA
```

3. “twisters.txt”是英文绕口令的文本文件，试编写一个程序统计文件内容里的“Peter”出现了几次。

第 6 章

容器数据类型——单词翻译器

学习大纲

- list 列表
- tuple 元组
- dict 字典
- set 集合
- GUI 图形用户界面

列表（list）、元组（tuple）、集合（set）和字典（dict）是容器类型，顾名思义它们就像容器一样，可以装进各种不同类型的数据，这些容器数据类型还能互相搭配使用，是学习 Python 的关键内容。

6.1 容器数据类型的比较

Python 的容器数据类型分为元组（tuple）、列表（list）、字典（dict）与集合（set），它们各有各的使用方法与限制。对象可分为可变（mutable）与不可变（immutable）两类，不可变对象一旦创建就不能再改变内容。容器对象只有 tuple 是不可变对象，其他三种都是可变对象。下面先对四种容器数据类型做个简单的介绍。

- tuple（元组）：数据放置于括号 () 内，数据有顺序性，是不可变对象。
- list（列表）：数据放置于中括号 [] 内，数据有顺序性，是可变对象。
- dict（字典）：是 dictionary 的缩写，数据放置于大括号 {} 内，是“键（key）”与“值（value）”对应的对象，是可变对象。
- set（集合）：类似数学里的集合概念，数据放置于大括号 {} 内，是可变对象，数据具有无序与互异的特性。

表 6-1 是四种容器类型的比较。

表 6-1

数据类型	中文名称	使用符号	具顺序性	可变/不可变	举例
tuple	元组	()	有序	不可	(1, 2, 3)
list	列表	[]	有序	可	[1,2,3]
dict	字典	{}	无序	可	{'name':'Eileen'}
set	集合	{}	无序	可	{1, 2, 3}

6.2 列表

列表（list）是很常见的数据类型，类似其他程序设计语言的数组（Array）

结构，是一串由逗号分隔的值，用中括号 [] 括起来，如下所示：

```
fruitlist =  ["Apple", "Orange", "Lemon", "Mango"]
```

上面列表对象共有 4 个元素，长度是 4，利用中括号 [] 配合元素的索引（index）就能存取每一个元素，索引从 0 开始，从左到右分别是 fruitlist[0]、fruitlist [1]……以此类推。列表可以声明成空的列表，例如：

```
fruitlist = []
```

如果想要知道列表对象的长度，则可以使用 len() 方法（范例程序 list.py）：

```
fruitlist = ["Apple", "Orange", "Lemon"]
print( len(fruitlist) )  # 长度 =3
```

列表数据是可变对象，既可以修改列表内元素的值，也可以添加或删除元素。列表常用的方法如表 6-2 所示。

表 6-2

方法	说明
append()	附加新元素
count(x)	计算列表中x出现的次数
insert()	插入新元素
pop()	弹出元素，默认是最后一个
remove()	删除元素
reverse()	倒转元素的顺序
sort()	排序

下面详细说明列表元素的修改方法，大家可以打开范例文件 list.py，再按照下面的说明进行操作。

修改元素的内容值

我们可以用中括号搭配索引值来指定要修改哪一个元素的值，例如：

```
fruitlist = ["Apple", "Orange", "Lemon"]
fruitlist[1]="Kiwi"
```

执行结果 >>

```
['Apple','Kiwi','Lemon']
```

附加元素 append()

append() 方法会将新的元素加到列表末端，例如：

```
fruitlist = ["Apple", "Orange", "Lemon"]
fruitlist.append("Mango")
```

执行结果 >>

```
['Apple','Orange','Lemon','Mango']
```

插入元素 insert ()

insert () 方法可以指定新的元素要放置在哪个索引处，格式如下：

```
list.insert(索引值 , 新元素 )
```

索引值是指列表的索引位置，索引值为 0 表示放置于最前端。举例来说，要将新元素插入在索引 1 的位置，可以这样表示：

```
fruitlist = ["Apple", "Orange", "Lemon"]
fruitlist.insert(1,"Banana")
```

执行结果 >>

```
['Apple','Banana','Orange','Lemon']
```

删除元素 remove ()

remove() 方法可以在括号内直接指定要删除的元素，例如：

```
fruitlist = ["Apple", "Orange", "Lemon"]
fruitlist.remove("Orange")
```

执行结果为：

执行结果 >>

```
['Apple','Lemon']
```

弹出元素 pop ()

pop () 方法在括号内指定要删除的元素索引，就可以将该元素从列表中删除，例如：

```
fruitlist = ["Apple", "Orange", "Lemon"]
fruitlist.pop(1)
```

执行结果 >>

```
['Apple','Lemon']
```

如果 pop() 括号内没有指定索引值，就默认弹出最后一个，例如：

```
fruitlist = ["Apple", "Orange", "Lemon"]
fruitlist.pop()
```

执行结果 >>

```
['Apple','Orange']
```

排序 sort ()

sort () 方法可以将列表内的元素进行排序，例如：

```
fruitlist = ["Apple", "Orange", "Lemon"]
fruitlist.sort()
```

执行结果 >>

```
['Apple','Lemon','Orange']
```

取出元素

列表对象也可以使用切片（slice）方法来取出元素，例如：

```
str1 = ['A','B','C','D','E','F']
print(str1[:3])    # 取出索引 0~2 的元素
print(str1[2:4])   # 取出索引 2~3 的元素
print(str1[4:])    # 取出索引 4 之后的元素
```

执行结果 >>

```
['A','B','C']
['C','D']
['E','F']
```

【范例程序：evenAndOdd.py】

云盘下载 将列表中的奇偶数分离

```
01  # -*- coding: utf-8 -*-
02  '''
03  将列表中的奇偶数分离
04  '''
05
06  Number = [1,2,3,4,5,6,7,8,9,10]
07  even_num = Number[1::2]
08  odd_num = Number[0::2]
09
10  print("偶数：{}\n 奇数：{}".format(even_num,odd_num))
```

执行结果 >> 如图 6-1 所示。

```
偶数：[2, 4, 6, 8, 10]
奇数：[1, 3, 5, 7, 9]
```

图 6-1

6.3 元组

元组（tuple）是有序对象，类似列表，差别在于 tuple 是不可变对象，一旦创建之后就不能修改。它是一串由逗号分隔的值，可以用括号 () 来创建 tuple 对象，也可以用逗号创建 tuple 对象，如下所示：

```
fruitlist = ("Apple", "Orange", "Lemon")
fruitlist = "Apple", "Orange", "Lemon"
```

上面两条语句都是创建 tuple 对象 ('Apple','Orange','Lemon')，即使 tuple 对象里只有一个元素，也必须在元素之后加上逗号，例如：

```
fruitlist = ("Apple",)
```

tuple 对象同样可以使用中括号 [] 搭配元素的索引（index）来读取各个元素，例如：

```
fruitlist = ("Apple", "Orange", "Lemon")
print( fruitlist[1] )    #Orange
```

tuple 是不可变对象，不可以直接修改 tuple 元素的值，当然也就没有类似列表的 insert 与 remove 等修改的方法与属性。

Unpacking（拆解）与 Swap（交换）

Python 对序列有个很特别的用法 Unpacking（拆解）。举例来说，下列第 1 行语句将“Eileen”“18”以及“上海”这三个值定义为 tuple 序列，第 2 行则使用变量取出 tuple 中的元素值，称为 Unpacking（拆解）：

```
fruitlist = ("Eileen", "18", "上海")# Packing
name, age, addr=fruitlist                     # Unpacking
print(name)                                   # 输出 Eileen
```

Unpacking 不只限于 tuple 序列，包括列表（list）和集合（set）对象，也都可以用同样的方式赋值给变量，序列拆解的等号左边的变量数量必须与等号右边的序列元素的数量相同。

在其他程序设计语言，如果想要交换（Swap）两个变量的值，通常需要第三个变量来辅助，例如 x=10、y=20，如果要让 x 与 y 的值对调，程序会如下编写：

```
temp = x
```

```
x = y
y = temp
```

利用 Unpacking 的特性，变量值交换变得非常简单，只要下面一行程序语句，就可以达到交换的目的：

```
y,x = x,y
```

【范例程序：tuple.py】

云盘下载 元组交换

```
01  # -*- coding: utf-8 -*-
02
03  x = 10
04  y = 20
05  print('x={},y={}'.format(x,y))
06
07  y,x = x,y
08  print('Swap x={},y={}'.format(x,y))
```

执行结果 >> 如图 6-2 所示。

```
x=10,y=20
Swap x=20,y=10
```

图 6-2

6.4 字典

dict（字典）是 dictionary 的缩写，数据放置于大括号 {} 内，每一项数据是一对 key-value，格式如下：

```
{key:value}
```

dict 中的 key 必须是不可变的（immutable）数据类型，例如数字、字符串，而 value 则没有限制，可以是数字、字符串、列表、元组等，数据之间必须以逗号“,”隔开，例如：

```
d={"name":"Andy", "age":18, "city":"上海"}
```

上面语句共有三项数据，直接使用每一项数据的key就可以读出代表的值，例如：

```
print(d['name'])   # 输出 Andy
```

dict是可变对象，一些常用的方法如表6-3所示。

表 6-3

方法	说明
clear()	清空dict对象
copy()	复制dict对象
get()	以key来搜索数据
pop()	弹出元素
update()	合并或更新dict对象
keys()	取出key以dict_items 对象类型返回
values()	取出value以dict_items 对象类型返回

下面详细说明dict字典元素的修改方法，大家可以先打开范例文件dict.py，再按照下面的说明进行操作。

清除 clear()

clear()方法会清空整个字典，例如：

```
d1={"name":"Andy", "age":18, "city":"上海"}
d1.clear()
print(d1)
```

执行结果 >>

```
{}
```

复制 dict 对象 copy()

使用copy()方法可以复制dict对象，例如：

```
d1={"name":"Andy", "age":18, "city":"上海"}
d2={"name":"Brian", "age":25, "city":"深圳"}
d1=d2.copy()
print(d1)
```

执行结果 >>

```
{"name":"Brian","age":25,"city":"深圳"}
```

大家可能会提出疑问，可以直接写“d1=d2”吗？

我们来看一下两者的差别，使用 copy() 方法复制的 dict 字典只是将数据复制过去，d1 与 d2 两者没有关联，仍然是两个不同的对象；如果使用“d1=d2”，表示 d2 对象指定给 d1 对象，此时修改 d2 的数据，d1 也会跟着更改。我们举同样的例子来看，d1 对象与 d2 对象如下：

```
d1={"name":"Andy", "age":18, "city":"上海"}
d2={"name":"Brian", "age":25, "city":"深圳"}
```

使用 copy 方法，程序语句与执行结果如下：

```
d1=d2.copy()
d2["name"]="Jennifer"
print(d1["name"])           # 输出 Brian
```

使用“d1=d2”，程序语句与执行结果如下：

```
d1=d2
d2["name"]="Jennifer"
print(d1["name"])           # 输出 Jennifer
```

搜索元素值 get()

get() 方法会以 key 搜索对应的 value，格式如下：

```
v1=dict.get(key[, default=None] )
```

例如：

```
d1={"name":"Andy", "age":18, "city":"上海"}
print(d1.get("age"))         # 输出 18
```

如果指定的 key 不存在，就会返回 default 值，也就是 None。我们也可以改变 default 值，当 key 不存在时就会显示出来，例如：

```
d1={"name":"Andy", "age":18, "city":"上海"}
city=d1.get("home","找不到")      # 输出 "找不到"
```

弹出元素 pop()

pop() 方法可弹出指定的元素，例如：

```
d1={"name":"Andy", "age":18, "city":"上海"}
d1.pop("city")
print(d1)
```

执行结果 >>

```
{'name':'Andy','age': 18}
```

更新或合并元素 update()

update() 方法可以将两个 dict 字典合并，格式如下：

```
dict1.update(dict2)
```

dict1 会与 dict2 字典合并，如果有重复的值，括号内的 dict2 字典元素会取代 dict1 的元素，例如：

```
d3={"name":"Joan","height":'180cm'}
d4={"hobby":"dancing", "height":'168cm'}
d3.update(d4)
print(d3)
```

执行结果 >>

```
{'name':'Joan','hobby':'dancing','height':'168cm'}
```

items()、keys() 与 values()

items() 方法是用来取出 dict 对象的 key 与 value，keys() 与 values() 这两个方法是分别取出 dict 对象的 key 或 value，返回的类型是 dict_items 对象，例如：

```
d1={"name":"Andy", "age":18, "city":"上海"}
print(d1.items())
print(d1.keys())
print(d1.values())
```

执行结果 >>

```
dict_items([('name','Andy'),('age',18),('city','上海')])
dict_keys(['name','age','city'])
dict_values(['Andy',18,'上海'])
```

通常 items()、keys() 与 values() 方法会搭配 for 循环来取值，例如：

```
d1={"name":"Andy", "age":18, "city":"上海"}
for v in d1.values():
    print(v)
```

下面通过范例程序来练习字典元素的添加、删除与存取。

云盘下载

【范例程序：dict_example.py】

字典的添加、删除与存取

```
01  # -*- coding: utf-8 -*-
02
03  dictStr = {'bird':'鸟', 'cat':'猫', 'dog':'狗', 'pig':'猪'}
04  # 添加 wolf
05  dictStr['wolf']="狼"
06
07  # 删除 pig
08  dictStr.pop("pig")
09
```

```
10  # 列出 dictStr 所有的 value
11  print("dictStr 当前的元素：")
12  for v in dictStr.values():
13      print(v)
14
15  # 搜索
16  print(" 搜索 dog==>"+dictStr.get("dog"," 不在 dictStr"))
```

执行结果 >> 如图 6-3 所示。

```
dictStr当前的元素：
鸟
猫
狗
狼
搜索dog==>狗
```

图 6-3

6.5 集合

集合（set）与字典一样都是把元素放在大括号 {} 内，不过 set 集合只有 key 没有 value，集合类似数学里的集合概念，可以对集合进行并集（|）、交集（&）、差集（-）与异或（^）等运算，集合中的元素具有无序和互异的特性：

- 无序性：集合中的元素不需要考虑排列的顺序。
- 互异性：元素不可重复出现。

set 集合可以使用大括号 {} 或 set() 方法创建新的集合，例如下面使用大括号 {} 创建集合：

```
fruitlist = {"Apple", "Orange", "Lemon"}
```

下面使用 set() 方法创建集合，括号 () 里只能有一个 iterable（迭代）对象，也就是是字符串、列表、元组、字典等可遍历的对象，例如：

```
strObject = set("ABCD")
listObject = set(["Apple", "Orange", "Lemon"])
tupleObject = set(("Apple", "Orange", "Lemon"))
dictObject = set({"name":"Andy", "age":18, "city":" 上海 "})
```

set() 使用字典当自变量时只会保留 key，上面语句产生的 set 对象如下：

```
{'C','A','D','B'}
{'Lemon','Orange','Apple'}
{'Lemon','Orange','Apple'}
{'city', 'age','name'}
```

集合常用的方法如表 6-4 所示。

表 6-4

方法	说明
add()	添加元素
remove()	删除元素
update()	合并或更新set对象
clear()	清空set集合

下面来说明这些方法的使用方式，大家可以打开范例文件 set.py 跟着练习。

添加与删除元素 add() / remove()

Add() 方法一次只能添加一个元素，如果要添加多个元素，可以使用 update() 方法。下面是 add 与 remove 方法的使用方式：

```
animal = {"bird", "cat", "dog"}
animal.add("fish")
print(animal)
```

执行结果 >>

```
{'dog','cat','bird','fish'}
```

```
animal = {"bird", "cat", "dog"}
animal.remove("cat")
print(animal)
```

执行结果 >>

```
{'dog','bird'}
```

更新或合并元素 update()

update() 方法可以将两个 set 集合合并，格式如下：

```
set1. update(set2)
```

set1 会与 set2 合并，set 集合不允许重复的元素，如果有重复的元素就会被忽略，例如：

```
animal = {"bird", "cat", "dog"}
animal.update({"bird","monkey"})
print(animal)
```

执行结果 >>

```
{'dog','bird','cat','monkey'}
```

创建集合后，可以使用 in 语句来测试元素是否在集合中，例如：

```
animal = {"bird", "cat", "dog"}
print("fish" in animal)  # 输出 False
```

“fish”并不在 animal 集合内，所以会返回 False。

集合的运算

两个集合可以做并集（|）、交集（&）、差集（-）与异或（^）运算，如表 6-5 所示。

表 6-5

集合运算	范例	说明
并集（|）	A | B	并集中的元素来自集合A或集合B
交集（&）	A & B	交集中的元素来自集合A和集合B都有的元素
差集（-）	A - B	差集中的元素来自集合A且在集合B中不存在
异或（^）	A ^ B	排除集合A和集合B中相同的元素

下面的范例示范集合的运算操作方式。

【范例程序：set_operations.py】

云盘下载 集合的并集、交集、差集与异或

```
01  # -*- coding: utf-8 -*-
02  '''
03  set 集合
04  并集 (|)、交集 (&)、差集 (-) 与异或 (^) 运算
05  '''
06
07  zooA= {"bird", "cat", "dog","pig"}
08  zooB = {"wolf", "cat", "dog","turtle"}
09  print(zooA & zooB)
10  print(zooA | zooB)
11  print(zooA - zooB)
12  print(zooA ^ zooB)
```

执行结果 >> 如图 6-4 所示。

```
{'dog', 'cat'}
{'bird', 'pig', 'turtle', 'dog', 'wolf', 'cat'}
{'bird', 'pig'}
{'wolf', 'bird', 'pig', 'turtle'}
```

图 6-4

6.6 上机演练——简易单词翻译器（GUI 图形用户界面）

这个范例将数据存储于字典（dict）结构中，使用字典的特性制作一个简易的单词翻译器。

该范例使用 Tkinter 制作图形用户界面（GUI），大家可以打开 dictionary_undone.py 文件（已经将图形用户界面完成），只要单词翻译器部分的程序语句即可。如果能从无到有完成这个范例，就能练习图形用户界面的完整制作。

6.6.1 程序范例描述

设计一个程序，在用户输入中文或英语单词之后，单击“中翻英”可以显示对应的英语单词，单击“英翻中”则显示对应的中文。

➢ 输入说明

范例中已有默认的字典（dict）内数据，用户只需在输入框输入查询的中文或英语单词，单击“中翻英”或“英翻中”按钮即可查询。

➢ 输出范例（参考图 6-5）

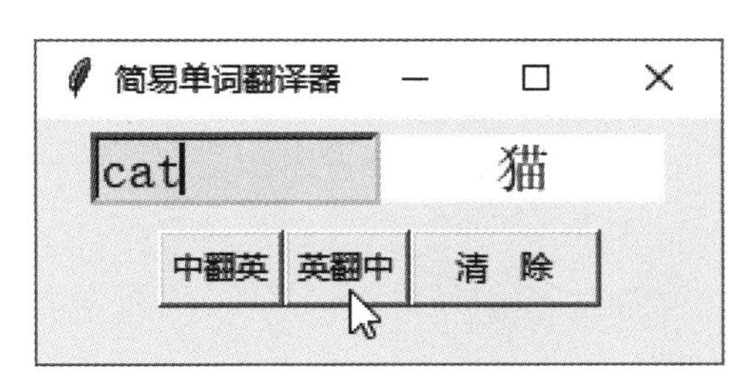

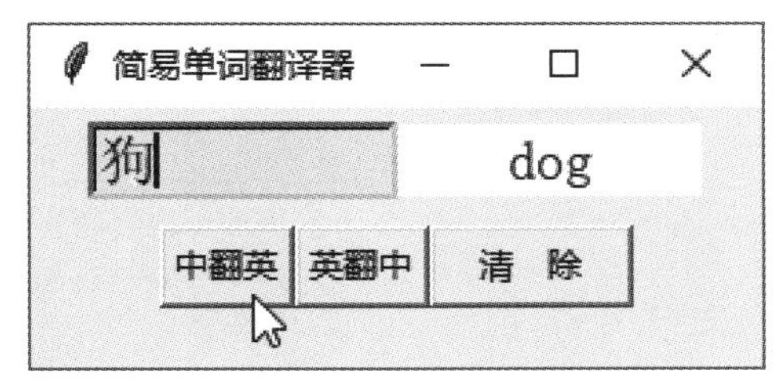

图 6-5

6.6.2 程序代码说明

首先，定义一个字典对象并命名为 dictionary，其中的元素如下：

```
dictionary = {'bird':'鸟', 'cat':'猫', 'dog':'狗', 'pig':'猪'}
```

其中，key 存储英语单词，value 存储对应的中文。

这个范例使用了三个按钮，分别是“中翻英”按钮、“英翻中”按钮与“清除”按钮。单击“中翻英”按钮时会调用 ctoe() 函数；单击“英翻中”按钮时会调用 etoc () 函数；单击“清除”按钮时会调用 clear() 函数。

我们先来看看 ctoe() 与 etoc () 函数执行了哪些操作：

（1）获取用户输入的内容（entry 组件）。

（2）搜索 dictionary 的 key 或 value 是否匹配的英语单词或中文。

（3）在 label 组件显示搜索的结果。

其中 etoc() 函数执行的操作为英翻中，所以用 key 来找对应的 value 值。字典对象本身就有 get() 方法可供使用，程序语句如下：

```
def etoc():
    i = entry.get()                       # 获取 entry 组件输入的内容
    ans = dictionary.get(i,"找不到["+i+"]")
    label.config(text = ans)   # 在 label 组件显示文字
```

get() 方法直接用 key 来搜索 value，找到匹配的中文就传给变量 ans，找不到就将 get() 方法的第 2 个自变量值传给变量 ans，因此显示“找不到”的信息，如图 6-6 所示。

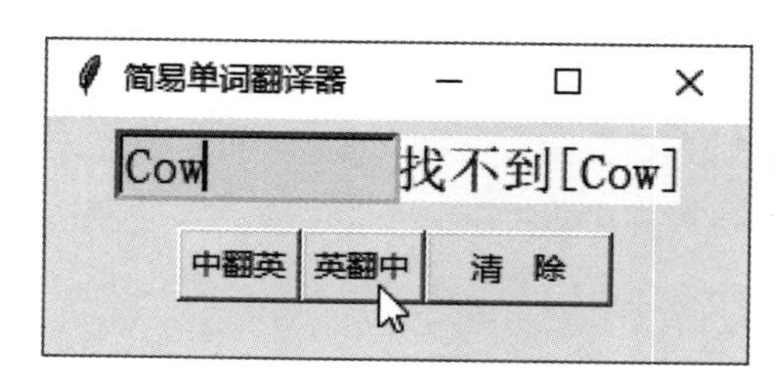

图 6-6

ctoe() 函数执行的操作为中翻英，是用 value 来找对应的 key 值，由于字典并没有适用的方法可以调用，因此这里使用 for 循环逐一对比 value 值，找到适合的就跳离循环，程序如下：

```
i = entry.get()
for k,v in dictionary.items():
    if v == i:
        ans = k
        break

if ans:
   label.config(text = ans)                    # 在 label 组件显示文字
else:
   label.config(text = "找不到["+i+"]")  # 在 label 组件显示文字
```

字典的 items() 方法用来取出字典对象的 key 与 value，将 value 与输入的 i 进行比较，找到正确的中文之后就将 key 传给变量 ans。变量 ans 有值就表示找到了匹配的中文，否则就显示“找不到”的信息，如图 6-7 所示。

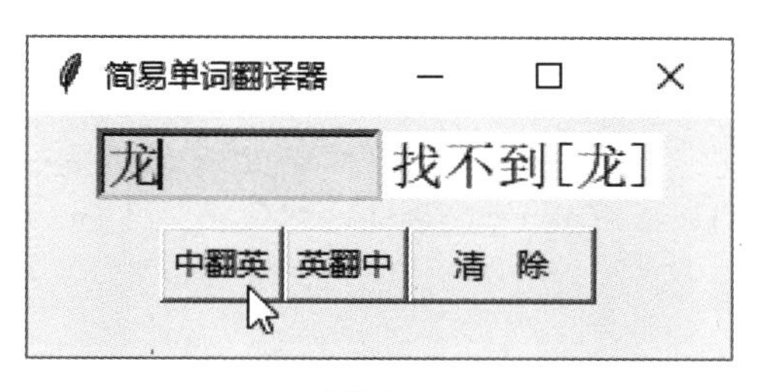

图 6-7

单击“清除”按钮时调用 clear() 函数，清除 entry 组件与 label 组件的内容，程序如下：

```
def clear():
    entry.delete(0, "end")
    label.config(text = "")
```

下面为范例程序的完整程序代码。

【范例程序：review_dictionary.py】

简易单词翻译器

```
01  # -*- coding: utf-8 -*-
02  """
03  程序名称：简易单词翻译器
04  题目要求：
05  让用户输入英语单词或者中文后，单击 " 中翻英 " 显示英文，单击 " 英翻中 "
    显示中文
06  """
07  def ctoe():
08      i = entry.get()              # 获取 entry 组件输入的内容
09      ans=""
10      for k,v in dictionary.items():
11          if v == i:
12              ans = k
13              break
14
15      if ans:
```

```
16          label.config(text = ans)                 # 在 label 组
            件显示文字
17      else:
18          label.config(text = " 找不到 ["+i+"]")   # 在 label
            组件显示文字
19
20  def etoc():
21      i = entry.get()                    # 获取 entry 组件输入的内容
22      ans = dictionary.get(i," 找不到 ["+i+"]")
23      label.config(text = ans)   # 在 label 组件显示文字
24
25  def clear():
26      entry.delete(0, "end")
27      label.config(text = "")
28
29  dictionary = {'bird':' 鸟 ', 'cat':' 猫 ', 'dog':' 狗 ',
    'pig':' 猪 '}
30
31  #GUI 界面
32  import tkinter as tk
33  win = tk.Tk()
34  win.title(" 简易单词翻译器 ")
35
36  frame = tk.Frame(win)
37  frame.pack(padx=5, pady=5)
38  frame1 = tk.Frame(win)
39  frame1.pack(padx=5, pady=5)
40
41  entry = tk.Entry(frame, bg="#99ffcc", font = "JhengHei
    15",borderwidth = 3)
42  entry.config(width=10)
43  entry.grid(column=0,row=0)
44
45  label = tk.Label(frame, bg="#ffffcc", font = "JhengHei
    15", text = "")
46  label.config(width=10)
47  label.grid(column=1,row=0)
48
49  btnCtoe = tk.Button(frame1, text=" 中翻英 ", command=ctoe)
50  btnCtoe.grid(column=0,row=0)
51  btnEtoc = tk.Button(frame1, text=" 英翻中 ", command=etoc)
52  btnEtoc.grid(column=1,row=0)
53  btnClear = tk.Button(frame1, text="  清  除  ", command=clear)
54  btnClear.grid(column=2,row=0)
55  win.mainloop()
```

课后习题

实践题

1. 接前第 5 章习题 3，试编写一个程序来统计文件“twisters.txt”内容中有哪些英语单词，各出现了几次。以 { 英语单词：出现次数 } 格式显示，输出结果如下：

```
{'Peter': 4, 'Piper': 4, 'picked': 2, 'a': 3, 'peck': 4,
'of': 4, 'pickled': 4, 'peppers.': 1, 'Did': 1, 'pick': 1,
'peppers': 2, 'If': 1, 'Picked': 1, 'peppers,': 1,
"Where's":
1, 'the': 1}
```

【提示】replace()：将不必要的字符“?”和“\n”删除。
split()：分割字符串。

2. 试写出下列程序执行后的输出结果。

```
A0 = {'a': 1, 'b': 3, 'c': 2, 'd': 5, 'e': 4}
A1 = {i:A0.get(i)*A0.get(i) for i in A0.keys()}
print(A1)
```

第7章

函数与模块——乐透系统

学习大纲

- 定义函数
- 调用函数
- 返回值
- 选择排序法
- 冒泡排序法
- 导入模块
- 自定义模块
- 认识 Python 的 __name__ 属性
- 实用的内建模块
- 乐透投注游戏

编写程序之前会先进行分析，看看是不是有现成的函数或模块可以使用，若有则可以省去不少程序开发的时间；如果没有，也尽可能将程序拆成独立功能的模块或函数，日后需要用到时可以重复调用。

模块（Module）就是指特定功能的函数集合，在前面的章节中我们已经使用过许多的模块与函数，本章再深入介绍函数与模块的用法以及实用的模块。

7.1 认识函数

通常我们会将特定功能或经常重复使用的程序独立出来编写成一个子程序，让主程序可以调用它，也就是所谓的“函数”（function）或“过程”，下面来看看定义函数与调用函数的方法。

7.1.1 定义函数

函数可分为内建函数（built-in）与用户自定义函数（user-defined）。Python 本身就内建了许多函数，比如之前使用过的 help()、round()、len() 都是内建的函数，可以直接调用。另外，还有更多用途广泛的函数，都放在标准库（Standard library）或是第三方开发模块库中，使用它们之前都必须在程序里先加载模块库，而后就可以调用了。

至于用户自定义函数（user-defined），需要先定义函数，然后才能调用，这也是接下来要谈的主题：定义函数。

Python 定义函数是使用关键词“def”，其后空一格，后接函数名称，再串接一对小括号，小括号中可以填入传入函数的参数，小括号之后再加上“:”，格式如下：

```
def 函数名称(参数1, 参数2, …):
    程序语句区块
    return 返回值                # 有返回值时才需要
```

函数的程序语句区块必须缩排，函数也可以无参数，如果定义了参数，调用函数时必须传入所需的自变量（arguments），函数执行结束后，会返回结果（return value），也就是函数的返回值；没有返回值时，函数会自动返回 None 对象，例如下面的函数有返回值（范例程序 func.py）：

```
def func(a,b):
    x = a + b
    return x

print(func(1,2))
```

执行结果 >>

```
3
```

如果没有返回值，就会返回 None，程序语句如下：

```
def func(a,b):
    x = a + b
    print(x)

print(func(1,2))
```

执行结果 >>

```
3
None
```

学习小教室

我们可以用 type() 函数来查询对象的数据类型，例如上面所返回的 None 对象，可以使用 type() 来查询，例如：

```
print( type( func(1,2) ) )
```

返回的结果会是：`<class 'NoneType'>`

7.1.2 调用函数

声明函数之后，程序编译时就会产生与函数同名的对象，调用函数时只要使用括号“()”运算符就可以了。

```
函数名称(自变量1, 自变量2, …)
```

Python 函数的自变量分为位置自变量（Positional Argument）与关键字自变量（Keyword Argument），位置自变量就是按照参数的位置传入自变量，如果函数定义了3个参数，就要带入3个自变量，或者采用预设自变量的方式，如下所示：（范例程序 callFunc.py）

```
def func(a,b,c=0):
x = a + b + c
return x

print(func(1,2,3))          # 输出 6
print(func(1,2))            # 输出 3
```

上面语句 func 函数里的参数 c 默认值为 0，因此调用函数时也可以只带入两个自变量。

关键字自变量就是通过关键字来传入自变量，只要所需的参数都有指定，关键字自变量的位置并不一定要按照参数的顺序给出，例如：

```
def func(a,b,c):
x = a + b + c
return x

print(func(c=2,b=3,a=1))      # 输出 6
```

以下的调用都具有相同的效果：

```
func(1, 2, 3)
func(a=1, b=2 , c=3)
func(1, c=3 , b=2)
```

如果位置自变量与关键字自变量混用，就要特别注意下列两点：

（1）位置自变量必须在关键字自变量之前，例如下面的语句会显示SyntaxError: positional argument follows keyword argument 的错误信息：

```
func(a=1, 2 , c=3)
```

（2）每个参数只能对应一个自变量，例如：

```
func(1, a=2 , c=3)
```

上面语句的第一个位置自变量是传入给参数 a，第 2 个自变量又指定参数 a，就会显示"TypeError: func() got multiple values for argument 'a' "的错误信息。

如果事先不知道要传入的自变量个数，可以在定义函数时在参数前面加上一个星号（*），表示该参数接受不定个数的自变量，传入的自变量会视为一组元组（tuple）；参数前面加上 2 个星号（**），传入的自变量会视为一组字典（dict）。

【范例程序：CallFunc_01.py】

调用函数传入不定个数的自变量

```
01  def func(*num):
02      total=0
03      for n in num:
04          total += n
05      return total
06
07  print(func(1, 2))
08  print(func(1, 2, 3))
09  print(func(1, 2, 3, 4))
10
11  def func(**num):
12      return num
```

```
13
14  print(func(a=1, b=2, c=3))
```

执行结果 >>

```
3
6
10
{'a': 1, 'b': 2, 'c': 3}
```

7.1.3 返回值

具有返回值的函数，在函数程序语句内可以包含一个以上的return语句，当程序执行到return语句就终止，然后将值返回，请参考下面的程序语句（范例程序 return.py）：

```
def func(x):
    if x < 10:
        return x
    else:
        return "Over"

a = func(15)
print(a)              # 输出 Over
print(type(a))      # 输出 <class 'str'>
```

Python的函数也可以有多个返回值，只要以逗号(,)分隔返回值即可，例如：

```
def func(a,b):
    n = a + b
    x = a * b
    return n, x

num1,num2 = func(10, 20)
print(num1)                 # 输出 30
print(num2)                 # 输出 200
```

下面范例程序创建分账函数（SplitBill），让用户输入账单金额及分账人数，账单金额要加上服务费 10%，最后计算出应付金额及取整数的金额。

云盘下载

【范例程序：SplitBill.py】

分账程序

```
01  # -*- coding: utf-8 -*-
02  '''
03  分账程序
04  '''
05
06  def SplitBill():
07      bill = float(input("账单金额: "))
08      split = float(input("分账人数: "))
09      tip = 0.1   #10% 服务费
10      total = bill + (bill * tip)
11      each_total = total / split
12      each_pay = round(each_total, 0)
13      return each_total, each_pay
14
15
16  e1 ,e2 = SplitBill()
17  print("每人应付{}, 应付: {}".format(e1, e2))
```

执行结果 >> 如图 7-1 所示。

```
账单金额: 689

分账人数: 3
每人应付252.63333333333333,应付: 253.0
```

图 7-1

7.2 认识排序

排序（Sort）是学习程序设计必学的数据结构中的重要内容，就是把一组数据，通过程序实现的排序算法整理成递增或递减的线性关系。举一个简

单的例子，输入 10 个整数，从小排到大，就是最基本的排序。

数据在经过排序后，会有下列优点：

（1）数据更易阅读。
（2）数据便于统计和整理。
（3）大幅减少数据搜索的时间。

处理排序问题有很多种算法，其中选择排序（Selection sort）与气泡排序（Bubble sort）是最适合入门的算法，在本章节将介绍这两种算法，Python 本身也有排序的函数，本章也会一并介绍。

7.2.1 选择排序法

选择排序法（Selection sort）就是不断将要排序的数据分为已排序与未排序，排序的过程请参考表 7-1，以 [10,3,12,20,6] 数列为例，一开始所有数字都在未排序列，先从未排序的数列中选取最小的数字（数字 3），放到已排序数列中，再从剩余未排序数列中继续寻找最小的数字（数字 10），放到已排序数列的末尾，反复这个过程直到所有数列都排序完成。

表 7-1

状态	未排序	已排序
Start	10, 3, 12, 20, 16	
Step1	10, 12, 20, 16	3
Step2	12, 20, 16	3,10
Step3	20,16	3,10,12
Step4	20	3,10,12,16
End		3,10,12,16,20

选择排序法的比较次数固定为 n*(n-1)/2 次，下面用 Python 语言实现选择排序，程序代码如下：

【范例程序：selection_sort.py】

选择排序法

```
01  # -*- coding: utf-8 -*-
02
03  def selectionSort(L):
04      N = len(L)
05      cc = 0
06      x=0
07      for i in range(N-1):
08          minL = i
09          for j in range(i+1, N):    # 找出最小值
10              x+=1
11              if L[minL] > L[j]:
12                  minL = j
13
14          # 把最小值与第 i 个进行交换
15          L[minL], L[i] = L[i], L[minL]
16          cc += 1
17          print("第{}次排序结果：{}".format(cc,L))
18      return L,x
19
20  a = [10, 3, 12, 20, 16]   # 排序的数据
21  print("排序前 : {}".format(a))
22  L,x = selectionSort(a)
23  print("排序后 : {}".format(L))
24  print("比较次数：{}".format(x))
```

执行结果 >> 如图 7-2 所示。

```
排序前：[10, 3, 12, 20, 16]
第1次排序结果：[3, 10, 12, 20, 16]
第2次排序结果：[3, 10, 12, 20, 16]
第3次排序结果：[3, 10, 12, 20, 16]
第4次排序结果：[3, 10, 12, 16, 20]
排序后：[3, 10, 12, 16, 20]
比较次数：10
```

图 7-2

7.2.2 冒泡排序法

冒泡排序法又称为交换排序法，是数据结构经典的排序算法之一，可以说是最简单的排序法。

冒泡排序法是相邻的数据互相比较，如果顺序不对，就将数据互换，按序往右比较，最大的元素会如同气泡一样被移到右边，排序的过程请参考表 7-2。

第 1 次轮巡会先拿第 1 个数 10 和第 2 个数 3 比较，10 比 3 大，所以数据互换，接着拿 10 与 12 比较，就这样一直比较与互换。

表 7-2

相邻两数	比较与互换	排序结果
		10, 3, 12, 20, 16
10,3	10>3，10和3互换	3,10,12,20,16
10,12	10<12，不互换	3,10,12,20,16
12,20	12<20，不互换	3,10,12,20,16
20,16	20>16，20和16互换	3,10,12,16,20

第 2 次轮巡也是从头开始，因为最大数已经换到最右边，所以只要比较到倒数第 2 个数，第 3 次轮回则比较到倒数第 3 个数，以此类推。

本例有 5 项数据，总共比较次数为：4+3+2+1=10 次，如果有 n 项数据，则比较次数为 (n-1)+(n-2)+……+2+1=n(n - 1) / 2，下面用 Python 语言实现选择排序，程序代码如下：

【范例程序：bubble_sort.py】

冒泡排序法

```
01  # -*- coding: utf-8 -*-
02  '''
03  冒泡排序法
04  '''
05
06  def bubble_sort(L):
07      N = len(L)
08      cc=0
09      x=0
```

```
10      for i in range(N-1):
11          for j in range(1, N - i):   # 从 1 比较到倒数 n-i
12              x+=1
13              print("{},{}".format(L[j - 1],L[j]))
14              if L[j - 1] > L[j]:
15                  L[j - 1], L[j] = L[j], L[j - 1]
16          cc+=1
17          print("第 {} 次排序结果: {}".format(cc,L))
18      return L,x
19
20
21  a = [10, 3, 12, 20, 16]   # 排序的数据
22  print("排序前 : {}".format(a))
23  L,x = bubble_sort(a)
24  print("排序后 : {}".format(L))
25  print("比较次数: {}".format(x))
```

执行结果 >> 如图 7-3 所示。

```
排序前: [10, 3, 12, 20, 16]
10,3
10,12
12,20
20,16
第1次排序结果: [3, 10, 12, 16, 20]
3,10
10,12
12,16
第2次排序结果: [3, 10, 12, 16, 20]
3,10
10,12
第3次排序结果: [3, 10, 12, 16, 20]
3,10
第4次排序结果: [3, 10, 12, 16, 20]
排序后: [3, 10, 12, 16, 20]
比较次数: 10
```

图 7-3

上面介绍的选择排序法与冒泡排序法都是基础的算法，主要是用来建立排序的概念，而不是拿来实际应用的，现在程序设计语言通常都内建了排序函数，调用它们就可以轻松解决排序问题。Python 内建的 sorted 函数可供排序使用，下面就来介绍它的用法。

7.2.3 排序函数 sorted()

sorted 函数用法很直觉，格式如下：

```
sorted(iterable, key=None, reverse=False)
```

第一个参数带入的是要排序的对象，只要是可迭代的对象都可以排序。第二个参数默认为keg=None，可以不写，也可以用keg指定要排序的键值或函数的返回值或对象调用方法得到的结果。这个函数默认是从小到大排列的，如果将reverse参数设为True，就会反转排列的顺序，变成从大排到小，例如：

```
a = [5, 2, 3, 1, 4]
print( sorted(a) )
print( sorted(a,reverse=True) )
```

执行结果 >>

```
[1, 2, 3, 4, 5]
[5, 4, 3, 2, 1]
```

sorted函数与之前在第6章曾经介绍过的sort()方法都是排序，两者功能大同小异，都有reverse与key参数，差别在于sort()方法只支持列表数据的排序。需要注意的是，sort()方法没有返回值，会直接排序列表的内容，例如：

```
a = [5, 2, 3, 1, 4]
a.sort()
print(a)                    #[1, 2, 3, 4, 5]
```

上面的语句是用sort()方法排序，排序之后原来的a对象顺序也变了，下面使用sorted函数，排序过后产生新的对象，原来的a对象并不会改变：

```
a = [5, 2, 3, 1, 4]
print( sorted(a) )  # [1, 2, 3, 4, 5]
print(a)                # [5, 2, 3, 1, 4]
```

参数key接受函数或方法当作参数，在排序之前会自动对每个元素执行一次key所指定的函数，例如我们想将下面字符串分割之后按照英文字母排序，就可以用str.lower方法将字符串转成小写，例如（范例程序sorted_key.py）：

```
x = "Every thing is gonna be alright"
print( sorted(x.split(), key=str.lower) )
```

执行结果 >>

```
['alright','be','every','gonna','is','thing']
```

如果上例没有转成小写的话，排序时大写会在小写前面，执行结果就会变成这样：

```
['Every', 'alright', 'be', 'gonna', 'is', 'thing']
```

通过 key 的特性就可以进行一些高级的排序，例如有一个字典对象的数据是学生的姓名与分数，利用 key 就可以很轻易地选择用姓名或分数排序，请看下面的范例程序。

云盘下载

【范例程序：sorted_key1.py】

分数排序

```
01  student = {'Judy': 90, 'Candy':46, 'Andy':69}   #姓名：分数
02
03  def x(d):
04      print("**"+str(d[1]))
05      return d[1]
06
07  print(sorted(student.items(), key = x))
```

执行结果 >>

```
**90
**46
**69
[('Candy', 46), ('Andy', 69), ('Judy', 90)]
```

从这个范例，我们可以很清楚地看到在排序之前每个元素都执行一次 x 函数，并返回分数 (d[1])，然后 sored 函数再将分数进行排序。上面的范例程序可以改写为 lambda 传入匿名函数，程序就更简洁了，程序（范例程序 sorted_key2.py）如下：

```
print(sorted(student.items(), key = lambda x:x[1]))
```

7.3 认识模块

Python 自发展以来累积了相当完整的标准函数库，这些标准函数库中包含了相当多的模块。模块指的是已经编写好的 Python 文件，需要使用的时候只要使用 import 语句就可以加载到程序中，以便可以调用模块里的函数，我们在前面的章节已经使用过许多模块，本节将更完整地说明模块的用法以及如何自定义模块。

7.3.1 导入模块

模块使用前必须先使用 import 关键字导入，import 语句并没有强制必须放在什么位置，只要放在调用函数或方法之前就可以。不过，习惯上会把 import 语句放在程序最上方，导入模块基本上有三种用法。

用法一：导入整个模块

导入整个模块，使用模块中的函数时要加上模块名称，格式如下：

```
import 模块名称
```

如果导入多个模块，则可以使用逗号 (,) 分隔，例如：

```
import os, sys
```

下面的范例程序使用 random 模块里的 randint 函数来获取随机整数以及 shuffle 函数将数列洗牌。

【范例程序：import.py】

import 关键字导入模块

```
01  import random
02
03  a = random.randint(0,99)   # 使用 randint 函数随机获取整数
04  print(a)
05
```

```
06  items = [1, 2, 3, 4, 5]
07  random.shuffle(items)        # 使用 shuffle 函数将数列洗牌
08  print(items)
```

用法二：导入模块指定别名

如果模块名称太长，可以帮模块取一个好记的别名，使用模块中的函数时就要加上别名，格式如下：

```
import 模块名称 as 别名
```

例如，下面的范例程序中导入 random 模块并指定别名为 r，使用 randint 函数时就必须用 r.randint()。

【范例程序：importAs.py】

import...as 导入模块指定别名

```
01  # -*- coding: utf-8 -*-
02
03  import random as r
04
05  a = r.randint(0,99)          # 使用 randint 函数随机获取整数
06  print(a)
07
08  items = [1, 2, 3, 4, 5]
09  r.shuffle(items)             # 使用 shuffle 函数将数列洗牌
10  print(items)
```

用法三：只导入特定函数

如果只用到特定的函数，也可以将函数复制到当前模块，使用模块中的函数时不需要加上模块名称，格式如下：

```
from 模块名称  import  函数名称
```

如果使用多个函数名称可以使用逗号 (,) 分隔，例如下面的范例程序使用 random 模块里的 randint 函数来获取随机整数以及 shuffle 函数将数列洗牌。

【范例程序：fromImport.py】

云盘下载 from…import 导入特定函数

```
01  # -*- coding: utf-8 -*-
02
03  from random import randint,shuffle
04
05  a = randint(0,99)          # 使用 randint 函数随机获取整数
06  print(a)
07
08  items = [1, 2, 3, 4, 5]
09  shuffle(items)                        # 使用 shuffle 函数将数列洗牌
10  print(items)
```

Python 的标准函数库中有非常多好用的模块，可以让我们省下不少程序开发的时间，往往一个程序里会导入多个模块，这时函数名称就有可能会重复，好在 Python 提供了命名空间（Namespace）机制，它就像是一个容器，将模块资源限定在模块的命名空间内，避免不同模块之间同名冲突的问题。

借助实际的例子就更清楚 Namespace 机制的好处。下面的范例程序使用了 random 模块的 randint 函数，当我们自定义了一个同名的函数，执行时会各自调用各自的函数，而不用担心执行时会有冲突。

【范例程序：namespace.py】

云盘下载 Namespace 机制

```
01  import random
02
03  def randint():
04      print("执行了自定义的 randint 函数")
05
06  a = random.randint(0,99)        # 使用 random 模块的 randint 函数
07  print("执行了 random 模块的 randint 函数：{}".format(a))
08
09  randint()           # 调用自定义的 randint 函数
```

执行结果 >> 如图 7-4 所示。

```
执行了random模块的randint函数：86
执行了自定义的randint函数
```

图 7-4

综上所述，建议使用第一种方法导入模块，除了不会有同名冲突之外，在函数前面加上模块名称容易辨识函数来自哪个模块，让程序更易读。

第三种方法是不建议的做法，除非阶层较复杂的模块，可以适度使用，否则使用 from…import 方法遇到同名函数时，Python 仍然能执行，后导入的函数会先被调用，一不小心就容易导致程序错误（bug，臭虫）的发生。

7.3.2 自定义模块

我们累积了大量程序设计的经验之后，必定会有许多自己编写的函数，这些函数也可以整理成模块，等到下一个项目时直接导入就可以重复使用这些函数了。

我们只要将函数放在 .py 文件中并存盘后就可以当作模块导入使用，十分方便。

下面我们就实际来操作看看。

请先创建一个 Python 文件，在本例中文件命名为 moduleDiy.py，里面编写好了 SplitBill() 函数，程序代码如下：

【范例程序：moduleDiy.py】
自定义模块

```
01  def SplitBill(bill,split):
02      '''
03      函数功能：分账
04      bill：账单金额
05      split：人数
06      '''
07      tip = 0.1   #10% 服务费
```

```
08        total = bill + (bill * tip)
09        each_total = total / split
10        each_pay = round(each_total, 0)
11    return each_pay
```

将编写好的 .py 文件保存在与主文件相同的文件夹中就可以当成模块来使用了。我们创建一个主程序，把刚刚写好的 moduleDiy 模块载入，然后就可以调用模块里的函数了，程序代码如下：

【范例程序：use_module.py】

自定义模块主程序

```
# -*- coding: utf-8 -*-
import moduleDiy

pay = moduleDiy.SplitBill(5000,3)   # 调用 SplitBill 函数
print(pay)
```

执行结果 >>

```
1833.0
```

在执行完成之后，我们会发现在文件夹下多了一个“__pycache__”文件夹，这是因为第一次加载 moduleDiy.py 文件时，Python 会将 .py 文件编译并保存在“__pycache__”文件夹的 .pyc 文件中，下次执行主程序时，如果 moduleDiy.py 程序代码没有更改，Python 就会跳过编译，直接执行“__pycache__”文件夹的 .pyc 文件，以加快程序执行的速度，如图 7-5 所示。

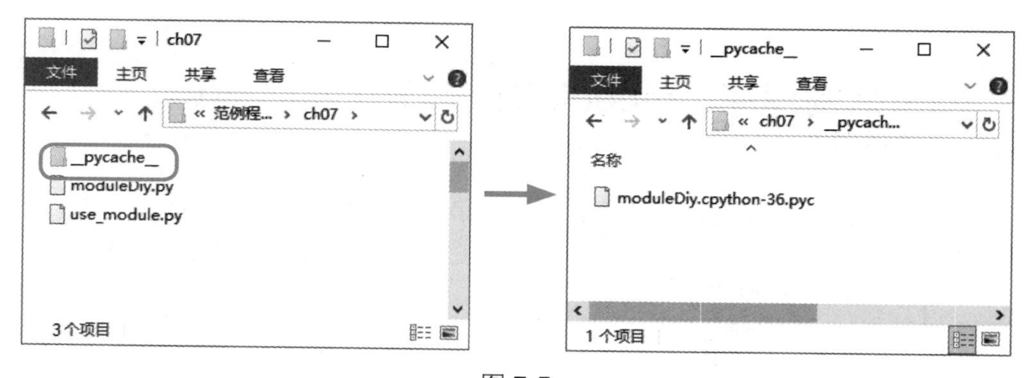

图 7-5

导入所使用的 moduleDiy.py 程序代码有可能需要修改或测试，如果每次都要在别的文件测试好再复制到 moduleDiy.py 文件中未免也太麻烦了。我们还是可以直接在 moduleDiy.py 中编写程序并测试，只要使用 Python 提供的 __name__ 属性判断程序是直接执行还是被 import 当成模块即可。下一小节就来看看 __name__ 属性的具体用法。

技巧

Python 寻找模块时，会按照 sys.path 所定义的路径来寻找，默认会先从当前文件夹寻找，再由环境变量 PYTHONPATH 指定的目录或是 Python 安装路径去寻找。

7.3.3 认识 Python 的 __name__ 属性

Python 的文件都有 __name__ 属性，当 Python 的 .py 中的程序代码直接执行的时候，__name__ 属性会被设置为“__main__”；如果文件被当成模块 import 时，属性就会被定义为 .py 的文件名称，也就是模块名称。

我们同样使用 7.3.2 小节的 moduleDiy.py 文件作为范例来示范 __name__ 属性的用法，请看下面的程序代码。

【范例程序：moduleDiy_name.py】

__name__ 属性的用法

```
01  def SplitBill(bill,split):
02      '''
03      函数功能：分账
04      bill：账单金额
05      split：人数
06      '''
07      print(__name__)                    # 输出 __name__ 设置值
08
09      tip = 0.1                           #10% 服务费
10      total = bill + (bill * tip)
11      each_total = total / split
```

```
12        each_pay = round(each_total, 0)
13        return each_pay
14
15
16    if __name__ == '__main__':      # 判断 __name__
17        pay = SplitBill(5000,3)
18        print(pay)
```

当程序代码直接执行的时候，执行结果如下：

```
__main__
1833.0
```

当 moduleDiy_name.py 被当成模块使用时，执行结果如下：

```
moduleDiy_name
1833.0
```

当 moduleDiy_name.py 被当成模块使用时，由于 __name__ 属性并不等于 __main__，所以第 16 行的 if 条件判断表达式并不会被执行。如此一来，自己编写的程序就可以被 import 使用，也可以直接拿来执行。

7.3.4 实用的内建模块

Python 的标准函数库提供了非常多不同用途的模块，这一小节将介绍四个实用的模块，包括 os 模块、sys 模块、random 模块以及 datetime 模块。

各个模块提供的函数很多，我们仅针对常用的函数介绍一下，无法一一说明每个函数的用法。我们可以直接在 Python 的命令行提示符下执行 help(模块名称) 来查询对应模块的帮助文件。例如，查询 os 模块，我们可以输入 help("os")，执行之后就会看到 os 模块的相关说明，如图 7-6 所示。

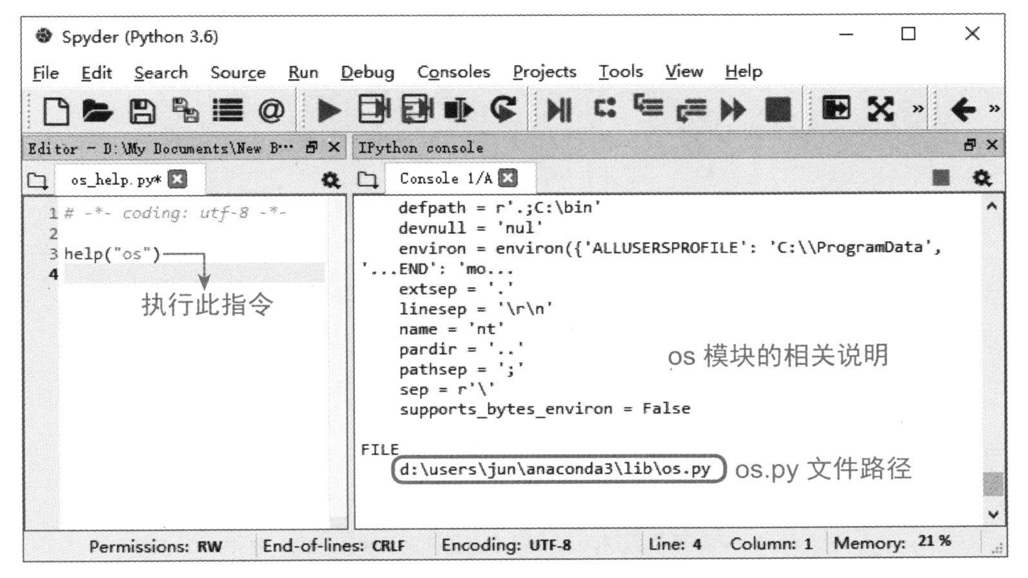

图 7-6

接下来，我们就来认识 os 模块。

os 模块

os 模块是操作系统相关模块，功能包括查询当前工作的文件夹路径、创建文件夹、删除文件夹等。常用的函数如表 7-3 所示。

表 7-3

函数	说明	范例
os.getcwd()	获取当前工作路径	os.getcwd()
os.listdir()	获取指定文件夹里的文件名（包含文件夹）	os.listdir("D:/python")
os.mkdir()	创建文件夹	os.mkdir("D:/python/test")
os.rmdir()	删除文件夹	os.rmdir("D:/python/test")
os.rename()	更改文件夹名称	os.rename("old", "new")
os.path.getsize()	获取文件大小	Os.path.getsize("D:\Python")

【范例程序：os.py】

os 模块常用函数练习

```
01  # -*- coding: utf-8 -*-
02  import os
```

```
03  CF=os.getcwd()
04
05  os.mkdir(CF+"/newFolder")      # 创建文件夹
06  os.mkdir(CF+"/newFolder1")     # 创建文件夹
07
08  os.rename(CF+"/newFolder1",CF+"/renewFolder")      # 更名
09
10  CF_listdir=os.listdir( CF )
11
12  print(" 当前文件夹 :"+CF)
13  print(" 文件夹中的文件与文件夹 :{}".format(CF_listdir))
```

执行结果 >> 如图 7-7 所示。

```
当前文件夹:D:\My Documents\New Books 2018\Python程序设计第一课\范例
程序\ch07
文件夹中的文件与文件夹:['bubble_sort.py', 'CallFunc.py',
'CallFunc_01.py', 'fromImport.py', 'func.py', 'import.py',
'importAs.py', 'lastDayOfMonth.py', 'moduleDiy.py',
'moduleDiy_name.py', 'namespace.py', 'os.py', 'os_help.py',
'random.py', 'return.py', 'return_01.py', 'review_Lottery.py',
'selectionSort.py', 'selection_sort.py', 'sorted_key.py',
'sorted_key1.py', 'sorted_key2.py', 'SplitBill.py', 'sys.py',
'test_argv.py', 'untitled0.py', 'use_module.py']
```

图 7-7

程序第 3 行获取当前工作路径，第 5 行与第 6 行创建了 newFolder 与 newFolder1 两个文件夹，再调用 os.rename() 函数将 newFolder1 文件夹更名为 renewFolder，第 10 行调用 os.listdir() 函数将当前工作路径的文件与文件夹列出。

sys 模块

sys 模块包含与 Python 解释器相关的属性与函数，常用的功能如表 7-4 所示。

表 7-4

函数	说明	范例
sys.argv	获取命令行参数	sys.argv[0]
sys.path	定义Python搜索模块路径	print(sys.path)
sys.version	获取当前Python的版本	print(sys.version)
sys.platform	获取操作系统平台	print(sys.platform)
sys.modules	获取所有加载的模块	print(sys.modules)
sys.exit(0)	终止程序	sys.exit(0)

sys.modules 是一组字典，包含所有被导入过的程序包模块，我们可以使用下列语句清楚地列出导入的模块。

```
print('\n'.join(sys.modules))
```

如果我们是使用像 Anaconda 的 Python IDE 环境，sys.modules 列出的是所有已导入的模块。如果想知道某个模块的文件路径，也可以使用 sys.modules 来查询，例如想查询 random 模块的文件路径可以这样编写：

```
print(sys.modules["random"])
```

执行之后就会显示文件路径了，如图 7-8 所示。

```
<module 'random' from 'C:\\ProgramData\\Anaconda3\\lib\\random.py'>
```

图 7-8

sys.argv 可以用来获取命令行自变量，如果希望程序在命令行执行的时候可以接收用户输入的自变量（命令行参数），就可以通过 sys.argv 方法来获取，它本身是列表对象，索引 0 是执行的 .py 文件名，索引 1 之后的自变量就是程序所需要的自变量。

sys.exit(0) 函数则是用来终止程序，括号里的数字是明确定义程序结束时的返回值，通常会用返回值为 0 表示正常结束，非 0 则代表程序异常结束。当执行 sys.exit(0) 时并不会立刻退出程序，而是会先触发 SystemExit 的异常，我们可以捕获这个异常，以便在离开程序之前执行一些相关的处置操作。

下面通过范例来说明 sys.argv 以及 sys.exit(0) 的用法。

云盘下载

【范例程序：test_argv.py】

sys 模块常用函数练习——获取命令行自变量

```
01  # -*- coding: utf-8 -*-
02
03  import sys
04
```

```
05  print("sys.argv:{}".format(sys.argv))
06  print(" 文件名称 {}".format(sys.argv[0]))
07  length = len(sys.argv)
08
09  if len(sys.argv) < 2:
10      try:
11          sys.exit(0)
12      except:
13          tp, val, tb=sys.exc_info()
14          print("exit!..{}:{}".format(tp,val))
15
16
17  for i in range(1,length):
18      n1 = sys.argv[i]
19      print( " 第 {} 个自变量是 {}".format(i,n1))
```

执行结果 >> 如图 7-9 所示。

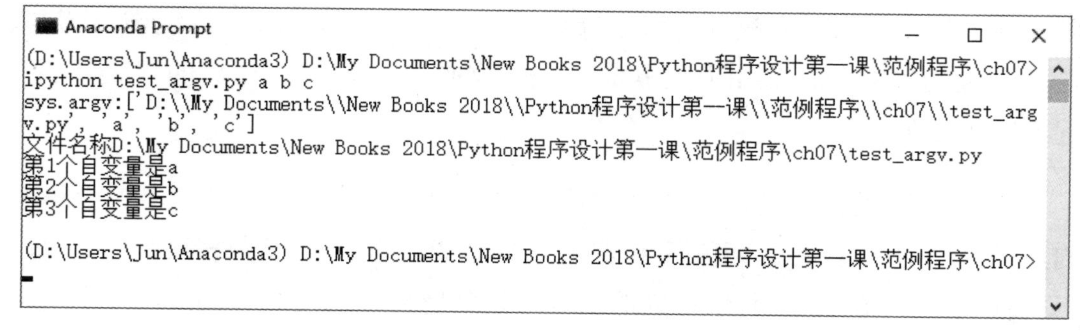

图 7-9

程序第 5 行先列出完整的 sys.argv 列表元素，索引 0 是执行的 .py 文件名，索引 1 之后的自变量就是程序所需要的自变量。先调用 len() 函数获取 sys.argv 的元素个数，当元素个数小于 2 时表示没有输入自变量，如果有，那么输入自变量就通过 for 循环显示出来，由于第 1 个元素是文件名，因此 range() 是从 1 开始。

程序第 10 行使用 try…except 接收 sys.exit() 发出的 SystemExit 异常，except(例外) 区块用于放置异常的处理语句，except 如果不接任何例外类型（例如：IOError、ValueError），表示捕获所有例外。

我们调用 sys.exc_info() 来获取异常信息，sys.exc_info() 会返回三个值的元组（Tuple），分别是 type（异常类型）、value（异常参数）以及 traceback（回溯对象），其中 value 就是在 sys.exit() 括号内所设置的返回值。不加自变量的执行结果如图 7-10 所示。

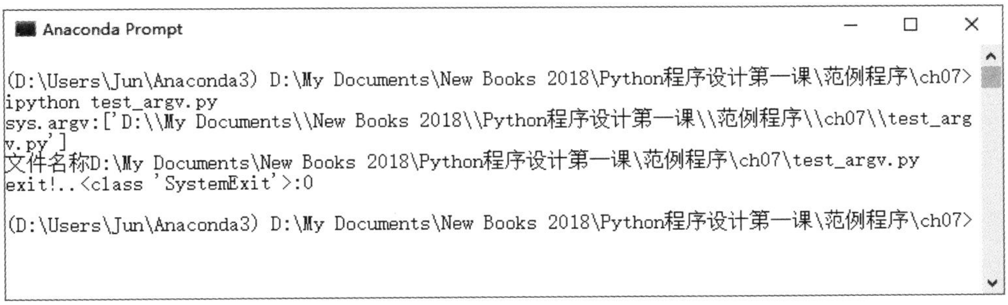

```
Anaconda Prompt

(D:\Users\Jun\Anaconda3) D:\My Documents\New Books 2018\Python程序设计第一课\范例程序\ch07>
ipython test_argv.py
sys.argv:['D:\\My Documents\\New Books 2018\\Python程序设计第一课\\范例程序\\ch07\\test_arg
v.py']
文件名称D:\My Documents\New Books 2018\Python程序设计第一课\范例程序\ch07\test_argv.py
exit!..<class 'SystemExit'>:0

(D:\Users\Jun\Anaconda3) D:\My Documents\New Books 2018\Python程序设计第一课\范例程序\ch07>
```

图 7-10

学习小教室 使用 raise 语句触发例外事件

Except（例外）除了由解释器自动触发，我们也可以使用 raise 语句来触发例外，例如要触发输入错误（ValueError），可以如下编写：

```
try:
    n = int(input('请输入 0~10 的整数：'))
    if n not in range(0,11):
        raise ValueError        # 自己触发例外
    else:
        print(n)
except ValueError:
    print('必须是 0~10 的整数 .')
```

如果用户输入的不是数字，在 int() 转换时就会引发错误，这是解释器触发的错误，如果用户输入的数字不是介于 0~10 之间，我们就可以使用 raise 语句来触发错误。

random 模块

随机数是在程序设计中常使用到的功能，特别是在制作游戏的时候，像是扑克牌的发牌、猜数字游戏等，Python 提供了一个 random 模块，可以用来产生随机数，用法如表 7-5 所示。

表 7-5

函数	说明	范例
random()	产生随机浮点数n，0 <= n < 1.0	random.random()
uniform()	产生指定范围的随机浮点数	random.uniform(5, 10)
randint()	产生指定范围内的整数	random.randint(12, 20)
randrange()	从指定范围内，按照递增基数获取一个随机数	random.randrange(0, 10, 2)
choice()	从序列中取一个随机数	random.choice(["A","B","C"])
shuffle(x)	将序列打乱	random.shuffle(["A","B","C"])
sample(population, k)	从序列或集合提取k个不重复的元素	random.sample('ABCDEFG',2)

random 模块里的函数都很容易使用，比较特别的是 randrange() 与 shuffle() 函数。randrange() 函数是在指定的范围内，按照递增基数随机获取一个数，所以取出的数一定是递增基数的倍数，相当于 range(start, stop[, step])，例如下面的程序语句表示从 1~100 取一个奇数：

```
print ( random.randrange(1, 100, 2) )
```

下面的程序语句则表示从 0~100 取一个随机数。

```
print ( random.randrange(100) )
```

shuffle(x) 函数是直接将序列 x 打乱，并返回 None，所以不能直接用 print() 函数来输出它。下面来看 random 模块的操作范例。

云盘下载

【范例程序：random.py】

random 模块常用函数练习

```
01  # -*- coding: utf-8 -*-
02
03  import random
04
05  print( random.random() )
```

```
06  print( random.uniform(1, 10) )
07  print( random.randint(1, 10) )
08  print( random.randrange(0, 50, 5) )
09  print( random.choice(["真真", "小宇", "大凌"]) )
10
11  items = [1, 2, 3, 4, 5, 6, 7]
12  random.shuffle(items)
13  print( items )
14
15  print( random.sample('ABCDEFG', 2) )
```

执行结果 >> 如图 7-11 所示。

```
0.043190603812977757
7.037790562589115
5
45
小宇
[3, 7, 1, 4, 2, 6, 5]
['F', 'E']
```

图 7-11

datetime 模块

日期与时间也是程序开发经常用到的功能，Python 提供了 time 模块以及 datetime 模块，time 模块在第 4 章已经介绍过，这里就不再赘述。datetime 模块除了显示日期和时间之外，还可以进行日期和时间的运算以及格式化，常用的函数如表 7-6 所示。

表 7-6

函数	说明	范例
datetime.date(年,月,日)	获取日期	datetime.date(2017,4,10)
datetime.time(时,分,秒)	获取时间	datetime.time(18, 30, 45)
datetime.datetime(年,月,日[,时,分,秒,微秒,时区])	获取日期时间	datetime.datetime(2017,2,4,20,44,40)
datetime.timedelta()	获取时间间隔	datetime.timedelta(days=1)

datetime 模块可以单独获取日期对象（datetime.date），也可以单独获取时间对象（datetime.time）或者两者一起使用（datetime.datetime）。

➢ 日期对象：datetime.date(year, month, day)

日期对象包含年、月、日。常用的方法如表 7-7 所示。

表 7-7

date方法	说明
datetime.date.today()	获取今天日期
datetime.datetime.now()	获取现在的日期时间
datetime.date.weekday()	获取星期数，星期一返回0，星期天返回6，例如： datetime.date(2017,5,10).weekday() 返回2
datetime.date. isoweekday()	获取星期数，星期一返回1，星期天返回7，例如： datetime.date(2017,5,10). isoweekday() 返回3
datetime.date. isocalendar()	返回3个元素的元组(年, 周数, 星期数)，例如： datetime.date(2017,5,10).isocalendar() 返回(2017, 19, 3)

日期对象常用的属性如表 7-8 所示。

表 7-8

date属性	说明
datetime.date.min	获取支持的最小日期（0001-01-01）
datetime.date.max	获取支持的最大日期（9999-12-31）
datetime.date().year	获取年份，例如datetime.date(2017,5,10).year
datetime.date().month	获取月份，例如datetime.date(2017,5,10).month
datetime.date().day	获取日期，例如datetime.date(2017,5,10).day

➢ 时间对象：datetime.time(hour=0, minute=0, second=0, microsecond=0, tzinfo=None)

时间对象允许的值范围如下：

0 <= hour < 24

0 <= minute < 60

0 <= second < 60

0 <= microsecond < 1000000

时间常用的属性如表 7-9 所示。

表 7-9

date属性	说明
datetime.time.min	获取支持的最小时间（00:00:00）
datetime.time.max	获取支持的最大时间（23:59:59.999999）
datetime.time().hour	获取小时，例如： datetime.time(15,30,59).hour
datetime.time().minute	获取分，例如： datetime.time(15,30,59). minute
datetime.time().second	获取秒，例如： datetime.time(15,30,59). second
datetime.time().microsecond	获取微秒，例如： datetime.time(15,30,59, 26164).microsecond

另外，datetime 模块提供了 timedelta 对象，可以计算两个日期或时间的差距，例如想要获取明天的日期，可以编写如下语句：

```
datetime.date.today() + datetime.timedelta(days=1)
```

timedelta 对象括号里的参数可以是 days、seconds、microseconds、milliseconds、minutes、hours 以及 weeks，参数值可以是整数或浮点数，也可以是负数。

下面使用 datetime 模块让用户输入年、月，判断当月最后一天的日期。

【范例程序：lastDayOfMonth.py】

求某月最后一天的日期

```
01  # -*- coding: utf-8 -*-
02
03  import datetime
04
05  def lastDayOfMonth(y,m):
```

```
06        d=datetime.date(y,m,1)
07        yy = d.year
08        mm = d.month
09
10        if mm == 12 :
11            mm = 1
12            yy += 1
13        else:
14            mm += 1
15
16        return datetime.date(yy,mm,1)+ datetime.
          timedelta(days=-1)
17
18
19    if __name__ == '__main__':
20        isYear=int(input("请输入年份："))
21        isMonth=int(input("请输入月份："))
22        lastDay=lastDayOfMonth(isYear,isMonth)
23        print(lastDay)
```

执行结果 >> 如图 7-12 所示。

```
请输入年份：2018

请输入月份：1
2018-01-31
```

图 7-12

程序设计常常会需要知道某个月份最后一天的日期。每个月最后一天并不是固定不变的，小月是 30 号，大月是 31 号，二月份一般是 28 号，遇到闰年就是 29 号。程序除了要判断大月、小月，还得去判断是否为闰年。

将思考方式转个弯，就会发现其实不难，既然直接计算最后一天不容易，那么我们就利用下个月的第一天减一天，同样可以得到答案。

这样的编程方法需要注意的是：当用户输入的月份是 12 月时，就必须将年份 +1，月份改为 1 月，再使用 datetime.timedelta(days=-1) 将日期减一天。

7.4 上机演练——乐透投注游戏

本章学会了 Python 的 Random 模块，我们就使用它来实现一个乐透投注游戏。

7.4.1 程序范例描述

模拟乐透投注游戏，投注者必须从 1~39 的号码任选 5 个不同的号码进行投注。使用程序产生开奖号码，并与投注者 5 个号码对比，看看猜中几个号码。

输入说明

投注者输入 5 个不重复的号码，每个号码以逗号 (,) 隔开。由程序随机产生 5 个开奖号码。

输出范例

输出需包含开奖号码的开出顺序、大小顺序，投注者选的号码，匹配的号码；如果没有匹配的号码，则显示“不匹配！”。

屏幕显示如图 7-13 所示。

```
请从1~39个号码任选5个不同号码，每个号码请以逗号(,)隔开：5,12,18,23,35
开出顺序：[33, 4, 50, 6, 23, 14]
大小顺序：[4, 6, 14, 23, 33, 50]
您选的号码：[5, 12, 18, 23, 35]
匹配：{23}
```

图 7-13

流程图（参考图 7-14）

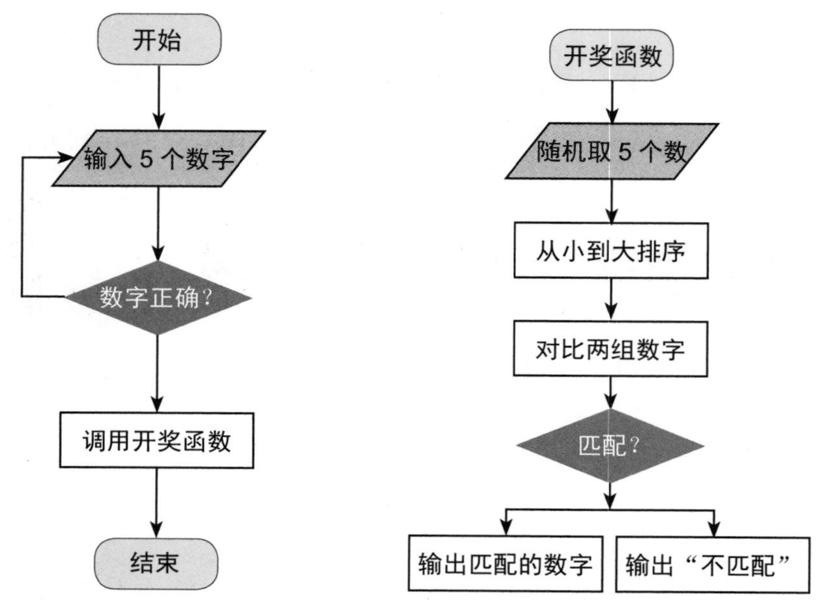

图 7-14

7.4.2 程序代码说明

这个范例程序主要可分为下面几个部分：

（1）投注者输入 5 个数字，并检查是否符合规则。

（2）随机产生 5 个不重复的开奖数字。

（3）对比两组数字是否匹配。

首先来看投注者输入 5 个数字的程序结构：

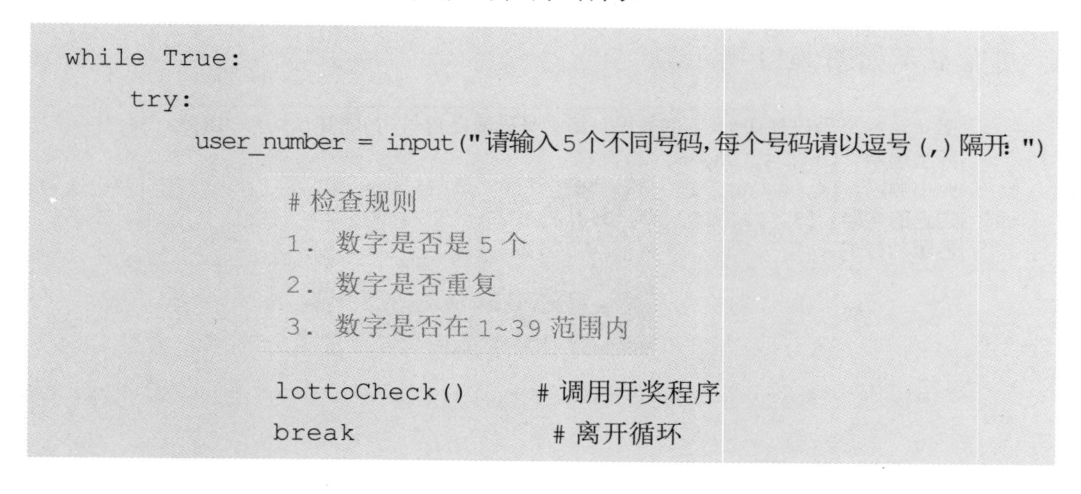

```
while True:
    try:
        user_number = input("请输入5个不同号码,每个号码请以逗号(,)隔开: ")
            # 检查规则
            1. 数字是否是 5 个
            2. 数字是否重复
            3. 数字是否在 1~39 范围内
            lottoCheck()        # 调用开奖程序
            break                # 离开循环
```

```
    except:
        例外处理
```

用户输入数字时有可能不符合规则，所以这里使用 while 循环直到数字完全符合规则才跳离循环，while 循环的离开条件判断表达式设为 True，表示循环会不断执行，直至遇到 break 才会跳离循环。

用户输入数字时出错的情况难以预料，例如输入英文字母、特殊符号或空格等，这里先使用 try…except 来捕获异常。

由于用户输入的数字是以逗号 (,) 分隔，因此要先将字符串用 split() 方法分割，再使用 for 循环对比数字是否符合规则，程序代码如下：

```
n1=[]   # 声明空列表
for n in user_number.split(","):
    n = int(n)
    if n in n1:
        print(" 重复输入，",end="")
        raise ValueError       # 触发异常
    elif n not in range(1,40):
        print(" 超出范围！数字必须是 1~39，",end="")
        raise ValueError       # 触发异常
    else:
        n1.append(n)            # 将数字加入列表
    lottoCheck(n1)  # 调用开奖程序
    break              # 跳离循环
```

从上面的程序，我们可以看到当数字不符合规则时，就使用 raise 语句来触发异常。当数字完全符合规则时就可以调用开奖函数（lottoCheck）来对奖了。这里我们只让程序执行一次，所以加上 break 语句来跳离循环；如果我们想要让程序不断执行，只要将 break 拿掉就可以了，不过别忘了要另外加上跳离循环的程序，否则程序就会陷入死循环而不断执行。

lottoCheck 函数一开始先调用 generate_num 函数随机产生 5 个开奖号码，我们先来看产生 generate_num 函数的程序代码：

```
def generate_num():
    auto_num = []                          # 声明空列表
    while len(auto_num)<6:
        x = random.randint(1, 40)    # 随机获取一个数字
        if x not in auto_num:         # 检查数字是否重复
```

```
        auto_num.append(x)
    return auto_num
```

上面的程序语句使用 while 循环来产生 5 个数字，调用 len() 函数来检查列表的元素个数，当小于 6 时就会不断循环，直到满 5 个数字才跳离循环。

投注者与开奖数字都成功产生之后，就必须对比两组数字是否有匹配的数字了：

```
def lottoCheck(a):
    b=generate_num()    # 调用 generate_num 函数
    b_sort=sorted(b)    # 将数字排序
    print("开出顺序：{}".format(b))
    print("大小顺序：{}".format(b_sort))
    print("您选的号码：{}".format(sorted(a)))
    ans = set(a) & set(b_sort)   # 对比两组数字
    if len(ans):
        print("匹配：{}".format(ans))
    else:
        print("不匹配！")
```

对比两组数字是否匹配的程序重点在下面这一行：

```
ans = set(a) & set(b_sort)
```

set() 函数是将列表转成集合（set），在第 6 章我们介绍过集合的用法，相信大家还记忆犹新，集合可以执行并集、交集、差集的运算。

想想看，对比元素同时存在集合 A 也存在集合 B，应该执行哪一种运算？

没错！只要进行交集（&）运算就可以轻松找出匹配的数字了。

下面列出完整的程序代码供大家参考。

云盘下载

【范例程序：review_Lottery.py】

乐透系统

```
01  # -*- coding: utf-8 -*-
02  """
03  乐透开奖与对奖程序
```

```
04  题目要求：
05  1. 让投注者输入 5 个不重复的号码，每个号码以逗号（,）隔开。
06  2. 随机产生开奖号码。
07  3. 计算投注者的 5 个号码有几个号码开出。
08  4. 输出需包含开奖号码的开出顺序、大小顺序，投注者选的号码以及匹配的
    号码。
09  5. 如果没有匹配的号码，则显示 " 不匹配 !"
10  """
11
12  import random
13
14  def generate_num():
15      auto_num = []
16      while len(auto_num)<6:
17          x = random.randint(1, 40)
18          if x not in auto_num:
19              auto_num.append(x)
20      return auto_num
21
22  def lottoCheck(a):
23      b=generate_num()
24      b_sort=sorted(b)
25      print(" 开出顺序：{}".format(b))
26      print(" 大小顺序：{}".format(b_sort))
27      print(" 您选的号码：{}".format(sorted(a)))
28      ans = set(a) & set(b_sort)
29      if len(ans):
30          print(" 匹配：{}".format(ans))
31      else:
32          print(" 不匹配 !")
33
34
35
36  if __name__ == "__main__":
37      while True:
38          try:
39              user_number = input(" 请从 1~39 个号码任选 5 个
                同号码，每个号码请以逗号（,）隔开：")
40
41              if user_number.count(",")<4:
42                  print(" 号码不足，",end="")
43                  raise ValueError
44              else:
45                  n1=[]
46                  for n in user_number.split(","):
47                      n = int(n)
48                      if n in n1:
49                          print(" 重复输入，",end="")
50                          raise ValueError
51                  elif n not in range(1,40):
```

```
52                              print("超出范围！数字必须是
                                1~39，",end="")
53                              raise ValueError
54                          else:
55                              n1.append(n)
56                  lottoCheck(n1)
57                  break
58          except ValueError:
59              print("请再输入一次！")
```

课后习题

实践题

1. 使用选择排序法，将数列数据 (10、5、25、30、15) 从大到小按序排列，共需进行几次比较？

2. 编写一个具有年、月、日三个参数的函数，例如 isVaildDate(yy, mm, dd)，检查带入的年月日是否为合法日期，如果是，就输出此日期，否则输出“日期错误”。

例如：

```
isVaildDate(2017,3,30) ，输出"2017-03-30"
isVaildDate(2017,2,30) ，输出"日期错误"
```

3. 编写一个储蓄存款的试算程序，年利率默认为 2%，以复利计，让用户可以输入本金与存款期间（年），计算到期后的本利和。试算结果可参考表 7-10。

表 7-10

本金	存款期间(年)	本利和
15000	2	15612
15000	3	15927
30000	2	31223
30000	3	31854

【提示】本利和 = 本金 * (1 + 月利率) ^ 存款期数（^ 表示次方）

附 录

课后习题解答

第 1 章 习题解答

1. **编译器**：编译程序会先检查整个程序，完全没有语法错误之后，再链接相关资源输出可执行文件（executable file）。编译完成的可执行文件是可以直接执行的文件，每一次执行时，不需要再进行“翻译”，所以执行速度较快。缺点是在编译过程中发生错误时，必须回到程序代码找出有错误的地方并加以更正，再重新编译、链接、产生可执行文件，开发过程较不方便。编译型的语言有 C、FORTRAN、COBOL 等。

   解释器：Python 就属于解释型的语言。顾名思义，解释就是一边解读源代码，一边执行，当错误发生时会停止执行并显示错误所在的行数与原因，对程序开发来说会比较方便，也由于它不产生可执行文件，每一次执行都必须经过解释才能执行，因此执行效率会比编译型的语言稍差。解释型的语言有 HTML、JavaScript、Python 等。

2. 步骤01 设置 i=1、sum=0。

   步骤02 sum 的值 +i (sum=sum+i)。

   步骤03 i 的值 +1 (i=i+1)。

   步骤04 如果 i 大于 5，算法结束，否则返回重新执行步骤 2。

3.

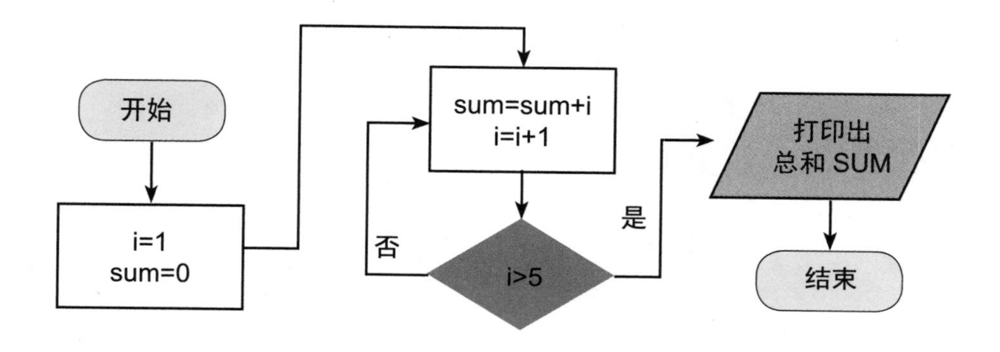

第 2 章 习题解答

1.

变量名称	是否有效
fileName01	有效
$result	无效，不能用$
2_result	无效，第一个字符不能是数字
number_item	有效

2. 整数：100　　浮点数：25.3

布尔值：True　　复数：5+6i

3.

```
user_name = input(" 请输入姓名：")
score = input(" 请输入数学成绩：")
print("%s 的数学成绩：%5.2f" % (user_name,float(score)))
```

第 3 章　习题解答

1. 8

2. 16

3.

```
sales_list=[60,80,55]
cake=int(input(" 请输入购买的蛋糕数量："))
Cookies=int(input(" 请输入购买的饼干数量："))
coffee=int(input(" 请输入购买的咖啡数量："))
total=cake*sales_list[0]+Cookies*sales_list[1]+
coffee*sales_list[2]
print(' 购买总金额为：', total)
```

第 4 章　习题解答

1.

```
N = int(input(" 请输入一个数值："))
print('False' if N%3 else 'True')
```

2.

```
sum = 0
i = 1
while i <= 100:
    sum += i
    i += 1


print(sum)
```

3.

```
sum = 0
for i in range(101):
    sum+=i

print(sum)
```

第 5 章 习题解答

1.

```
words=input(" 请输入字符串 .")
words_lower=list(words.lower())

result =" "
for w in words_lower:
if ord(w) in range(97, 123):
result+=w

result_l = len(result)
print(" 共有 {} 个英文字母 , 字母是 {}".format(result_l,result))
```

2.

```
strA = input(" 请输入字符串: ")
revletters = strA[::-1]
print(" 原字符串: {}\n 反转后: {}".format(strA,revletters))
```

3.

```
with open("twisters.txt","r") as f:
    story=f.read()     # 读出文件内容

words="Peter"
sc=story.count(words)
print("{} 出现了 {} 次 ".format(words,sc))
```

第 6 章 习题解答

1.

```
with open("twisters.txt","r") as f:
    story=f.read()     # 读出文件内容

story=story.replace("?", " ");
story=story.replace("\n", " ");
story_list=story.split()

words={}
for i in range(len(story_list)):
    if story_list[i] not in  words:
        words[story_list[i]]=story_list.count(story_list[i])

print(words)
```

2.

```
{'a': 1,'b': 9,'c': 4,'d': 25,'e': 16}
```

第 7 章 习题解答

1. 10 次

2.
```
import datetime
def isVaildDate(yy,mm,dd):
    try:
        return datetime.date(yy,mm,dd)
    except:
        return "日期错误"

print(isVaildDate(2017,2,30))
```

3.
```
n = int(input("请输入存入本金："))
y = int(input("请输入期间（年）："))
r = 0.02
total= round(n * (1 + r/12) ** (12*y))
print(total)
```